装备制造大类新形态教材

逆向工程与 3D 打印实训教程

主　编　林　通

副主编　温小明　张建荣　肖建章

　　　　谢　颖　刘　静　王　健

主　审　马鹏飞

U0222959

哈尔滨工业大学出版社

内 容 简 介

本书是由校企合作共同开发的新形态教材,紧跟时代特色,融入课程思政等内容,配套江西省职业教育装备制造类精品在线开放课程资源,支持移动学习,可用于线上线下混合教学。本书共有5个项目,10个任务:桨叶、螺旋桨、花洒、车门把手、摩托车挡板、自行车把手、吹风机、眼睛按摩仪、雷达猫眼、吸尘器的建模,以工业产品逆向建模全流程操作为主要内容,包括点云处理、领域划分、特征创建、实体处理、质量检测等关键技术环节。

本书可作为中职、高职机械类专业逆向工程与3D打印技术应用与实训教材,也可作为逆向工程与3D打印技术培训与自学教材。

图书在版编目(CIP)数据

逆向工程与3D打印实训教程/林通主编. —哈尔滨:哈尔滨工业大学出版社,2024.4
ISBN 978−7−5767−1315−2

Ⅰ.①逆⋯ Ⅱ.①林⋯ Ⅲ.①工业产品−设计−教材②快速成型技术−教材 Ⅳ.①TB472②TB4

中国国家版本馆 CIP 数据核字(2024)第 068729 号

策划编辑	王桂芝
责任编辑	李青晏
出版发行	哈尔滨工业大学出版社
社　　址	哈尔滨市南岗区复华四道街 10 号　邮编 150006
传　　真	0451−86414749
网　　址	http://hitpress.hit.edu.cn
印　　刷	哈尔滨博奇印刷有限公司
开　　本	787 mm×1 092 mm　1/16　印张 23.25　字数 565 千字
版　　次	2024 年 4 月第 1 版　2024 年 4 月第 1 次印刷
书　　号	ISBN 978−7−5767−1315−2
定　　价	59.80 元

(如因印装质量问题影响阅读,我社负责调换)

前　　言

为深入贯彻落实党的二十大精神,坚持科技是第一生产力、人才是第一资源、创新是第一动力,要深入实施科教兴国战略、人才强国战略、创新驱动发展战略,开辟发展新领域新赛道,不断塑造发展新动能新优势。我们应该充分发挥职业教育作用并服务于国家战略,不断培养该领域高技术高技能人才,推动智能制造产业的发展。

增材制造技术被列入"十四五"战略性新兴产业的科技前沿技术,逆向工程是该技术的重要环节。本书以 Geomagic Design X2016 软件中文版为实现工具进行编写,全书共 5 个项目,精选 10 个工业产品实例,以"实例 建模思想 → 实例 知识点详解 → 实例 实操演练 → 实例 互查互纠考核"为叙述结构。每一项目均从简单的任务过渡到相对复杂的任务,由浅入深,使读者熟悉基本操作步骤、理解知识点、了解逆向建模的设计流程;在实例中详细剖析该任务的主要实现方法以及注意事项,逐步加入进阶型实例巩固所学知识,通过典型实例操作与重点知识相结合的方法,对逆向工程进行深入讲解;通过组间互查互纠考核实现学生的共同进步。

本书立足于基本概念和基础知识的详解与延拓,以掌握实际产品逆向工程建模环节关键技术为目的,实现过程简洁实用、通俗易懂,可作为中职、高职机械类专业的教学用书,也可作为工程技术人员参考书。

本书编写团队由具备丰富实践经验的一线专业教师与企业资深技术骨干组成,由江西应用技术职业学院林通担任主编;由江西应用技术职业学院温小明、张建荣、谢颖、刘静、王健及金华职业技术学院肖建章担任副主编。全书由林通统稿,由中国科学院赣江创新研究院马鹏飞主审。林通、张建荣负责编写项目 1 和项目 2,谢颖、刘静负责编写项目 3,温小明、王健、肖建章负责编写项目 4 和项目 5;林通、温小明、谢颖、刘静负责制作随书配套资源。在编写过程中,上海联泰科技股份有限公司、先临三维科技股份有限公司等提供了大量的帮助,在此一并表示衷心感谢。

书中若有不足或疏漏之处,恳请同行专家及广大读者批评指正,可以通过电子邮件与我们交流与联系。E-mail 地址:250459233@qq.com。

编　者

2024 年 1 月

目　　录

2

项目 1　桨叶与螺旋桨的建模

任务 1.1　桨叶建模

（1）根据建模过程掌握桨叶零件逆向建模的思路与方法

（2）熟悉知识链接中包含的建模命令

任务描述

根据图 1.1 建模过程完成桨叶零件的逆向建模，文件名为 ＊ :\实例文件\零件图档\桨叶.xrl。

图 1.1　桨叶建模过程

知识链接

（1）【菜单】—【文件】—【新建】

（2）【初始】—【导入】

（3）【领域】—【自动分割】

(4)【草图】—【面片草图】

(5)【模型】—【创建实体】—【回转】

(6)【模型】—【创建曲面】—【基础曲面】

(7)【模型】—【编辑】—【延长曲面】

(8)【模型】—【编辑】—【切割】

(9)【模型】—【创建曲面】—【回转】

(10)【模型】—【向导】—【面片拟合】

(11)【草图】—【草图】

(12)【模型】—【创建曲面】—【拉伸】

(13)【模型】—【编辑】—【剪切曲面】

(14)【模型】—【编辑】—【缝合】

(15)【模型】—【编辑】—【布尔运算】

(16)【模型】—【编辑】—【圆角】

(17)【菜单】—【文件】—【保存】

建模过程

1. 桨叶轴体

(1)新建文件

点选【菜单】—【文件】—【新建】,创建新文件,如图 1.2 所示。

图 1.2　新建文件

(2)导入文件

点选【初始】—【导入】,在弹出的对话框中,双击需要导入的文件,如图1.3所示。

图 1.3　导入文件

（3）领域组 1

调用【领域】命令,选择【自动分割】,【敏感度】修改为"50",调整"面片的粗糙度",调整完毕后,点击"确认",软件自动创建多个不同"领域",如图 1.4 所示。

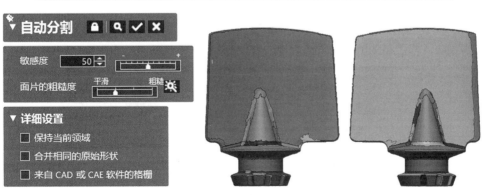

图 1.4　领域组 1

4

（4）草图 1（面片）

调用【面片草图】命令，【基准平面】选择"前平面"，如图 1.5 所示。【绘制】栏中选择【直线】【圆角】命令，以系统投影线为基准绘制草图。

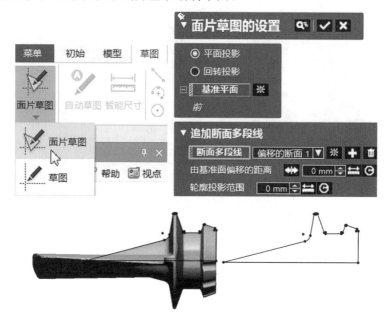

图 1.5 草图 1（面片）

（5）回转 1

调用【回转】命令，【基准草图】选择"草图 1（面片）"，【轮廓】选择如图 1.5 所示草图 1（面片）外部曲线部分，【轴】选择如图 1.5 所示草图 1（面片）中心直线部分，【方法】选择"单侧方向"，【角度】设置为"360°"，如图 1.6 所示。

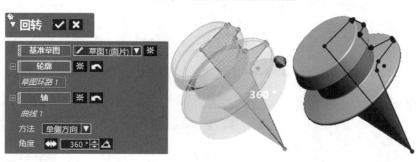

图 1.6 回转 1

（6）圆柱曲面1—圆柱曲面8

调用【基础曲面】命令，【领域】依次选择如图1.7所示区域，【提取形状】选择"圆柱"，点击"下一阶段"，点击"确定"，重复该过程，创建8个圆柱曲面。

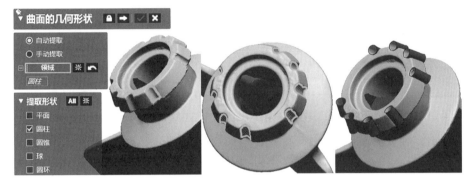

图1.7　圆柱曲面1—圆柱曲面8

（7）延长曲面1—延长曲面8

调用【延长曲面】命令，【边线/面】依次选择如图1.8所示圆柱面两边，【终止条件】选择"距离3 mm"，【延长方法】选择"同曲面"，重复该过程，延长8个圆柱面。

图1.8　延长曲面1—延长曲面8

5

（8）切割 1

调用【切割】命令，【工具要素】选择"圆柱曲面 1—圆柱曲面 8"，【对象体】选择"回转
1"，【残留体】选择内侧，如图 1.9 所示。

6

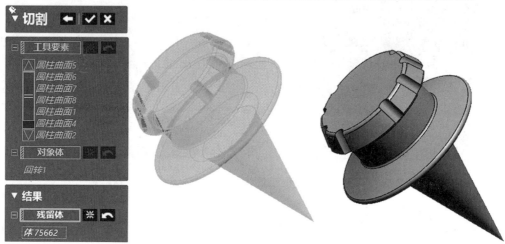

图 1.9　切割 1

2. 桨叶叶片

（1）面片拟合 1

调用【面片拟合】命令，【领域/单元面】选择如图 1.10 所示区域，【分辨率】"U 控制点
数"设置为"20"、"V 控制点数"设置为"20"。

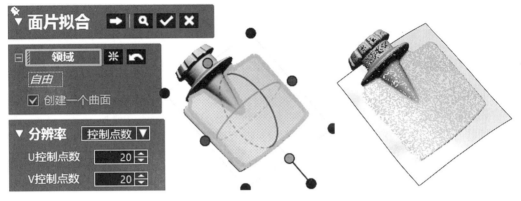

图 1.10　面片拟合 1

（2）面片拟合 2

调用【面片拟合】命令，【领域/单元面】选择如图 1.11 所示区域，【许可偏差】设置为"0.1 mm"，【最大控制点数】设置为"50"。

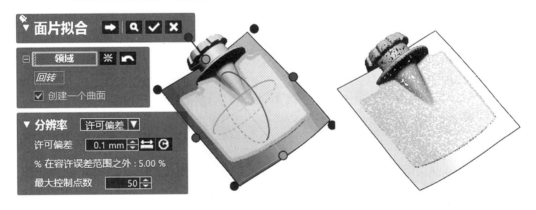

图 1.11　面片拟合 2

（3）草图 10（面片）

调用【面片草图】命令，【基准平面】选择"上平面"，【绘制】栏中选择【直线】【中心点圆弧】命令，以系统投影线为基准绘制草图，如图 1.12 所示。

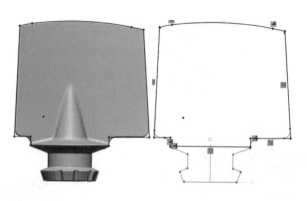

图 1.12　草图 10(面片)

(4)草图 11

调用【草图】命令,【基准平面】选择"上平面",进入草图界面后,结合"草图 1(面片)"中心轴特征,选择【直线】命令,绘制如图 1.13 所示草图。

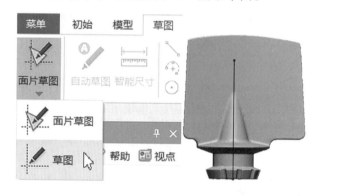

图 1.13　草图 11

(5)草图 12

调用【草图】命令,【基准平面】选择"前平面",进入草图界面后,结合"草图 1(面片)"中心轴特征与零件轮廓,选择【直线】命令,绘制如图 1.14 所示草图。

图 1.14　草图 12

(6)回转 2

调用【回转】命令,【基准草图】选择"草图 12",【轮廓】选择如图 1.14 所示草图 12 外部曲线部分,【轴】选择如图 1.14 所示草图 12 中心直线部分,【方法】选择"两方向",【角度】

设置为"90°",【反角】设置为"90°",如图1.15所示。

图 1.15　回转 2

（7）草图 13

调用【草图】命令,【基准平面】选择"上平面",进入草图界面后,结合"草图 10（面片）"特征,选择【直线】命令,绘制如图 1.16 所示草图。

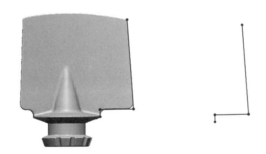

图 1.16　草图 13

（8）回转 3

调用【回转】命令,【基准草图】选择"草图 13",【轮廓】选择如图 1.16 所示草图 13,【轴】选择如图 1.16 所示草图 13 中心直线部分,【方法】选择"平面中心对称",【角度】设置为"15°",如图 1.17 所示。

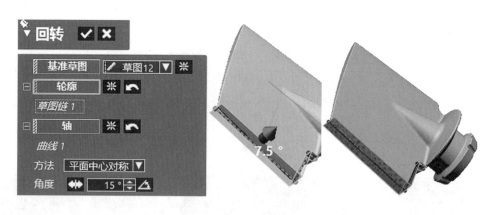

图 1.17　回转 3

（9）草图 14（面片）

调用【面片草图】命令，【基准平面】选择"上平面"，进入草图界面后，结合"草图 10（面片）"特征与零件轮廓，选择【直线】命令，绘制如图 1.18 所示草图。

图 1.18　草图 14（面片）

（10）回转 4

调用【回转】命令，【基准草图】选择"草图 14（面片）"，【轮廓】选择如图 1.18 所示草图 14，【轴】选择如图 1.18 所示草图 14 中心直线部分，【方法】选择"平面中心对称"，【角度】设置为"50°"，如图 1.19 所示。

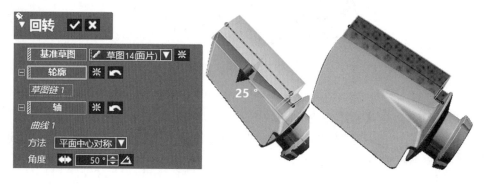

图 1.19　回转 4

（11）延长曲面9

调用【延长曲面】命令，【边线/面】选择如图1.20所示对应边，【终止条件】选择"距离28.5 mm"，【延长方法】选择"同曲面"。

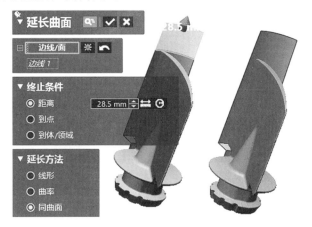

图1.20　延长曲面9

（12）延长曲面10

调用【延长曲面】命令，【边线/面】选择如图1.21所示对应边，【终止条件】选择"距离28.5 mm"，【延长方法】选择"同曲面"。

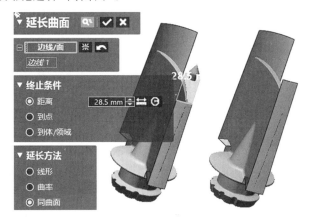

图1.21　延长曲面10

（13）草图15

调用【草图】命令，【基准平面】选择"上平面"，进入草图界面后，结合"草图10（面片）"顶部特征，选择【中心点圆弧】命令，延长合适长度，绘制如图1.22所示草图。

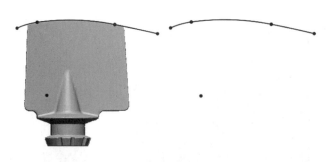

图 1.22　草图 15

（14）拉伸 1

调用【拉伸】命令，【基准草图】选择"草图 15"，【方向】中【方法】选择"平面中心对称"，【长度】设置为"44 mm"，如图 1.23 所示。

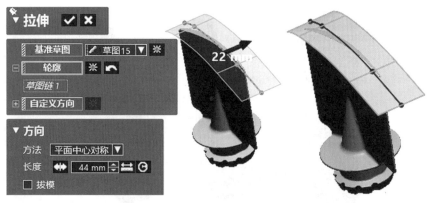

图 1.23　拉伸 1

（15）剪切曲面 1

调用【剪切曲面】命令，【工具要素】选择"面片拟合 1""面片拟合 2"，【对象体】选择"回转 3""回转 4"，点击"下一阶段"，【残留体】选择内侧，如图 1.24 所示。

图 1.24　剪切曲面 1

（16）剪切曲面 2

调用【剪切曲面】命令，【工具要素】选择"剪切曲面 1_1""剪切曲面 1_2""拉伸 1"，【对象体】选择"面片拟合 1""面片拟合 2"，点击"下一阶段"，【残留体】选择内侧，如图 1.25 所示。

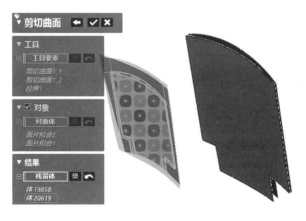

图 1.25　剪切曲面 2

（17）剪切曲面 3

调用【剪切曲面】命令，【工具要素】选择"剪切曲面 1_1""剪切曲面 1_2""剪切曲面 2_1""剪切曲面 2_2"，【对象体】选择"拉伸 1"，点击"下一阶段"，【残留体】选择内侧，如图

1.26 所示。

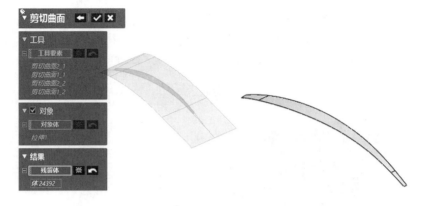

图 1.26　剪切曲面 3

（18）剪切曲面 4

调用【剪切曲面】命令，【工具要素】选择"剪切曲面 3"，【对象体】选择"剪切曲面 1_1"
"剪切曲面 1_2"，点击"下一阶段"，【残留体】选择下侧，如图 1.27 所示。

图 1.27　剪切曲面 4

（19）草图 16

调用【草图】命令，【基准平面】选择"上平面"，进入草图界面后，结合"草图 10（面片）"
底部特征，选择【直线】命令，延长合适长度，绘制如图 1.28 所示草图。

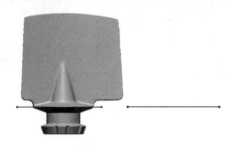

图 1.28　草图 16

（20）拉伸 2

调用【拉伸】命令，【基准草图】选择"草图 16"，【方向】中【方法】选择"平面中心对称"，【长度】设置为"67 mm"，如图 1.29 所示。

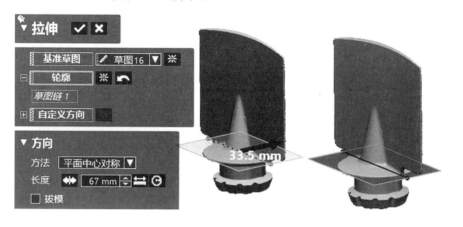

图 1.29　拉伸 2

（21）缝合 1

调用【缝合】命令，【曲面体】选择"剪切曲面 2_1""剪切曲面 2_2""剪切曲面 3""剪切曲面 4_1""剪切曲面 4_2"，如图 1.30 所示。

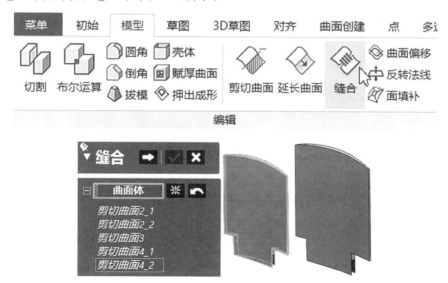

图 1.30　缝合 1

（22）剪切曲面 5

调用【剪切曲面】命令，【工具要素】选择"拉伸 2""剪切曲面 4"，【对象体】选择"拉伸 2""剪切曲面 4"（同【工具要素】的，操作时无须勾选），点击"下一阶段"，【残留体】选择下侧，如图 1.31 所示。

16

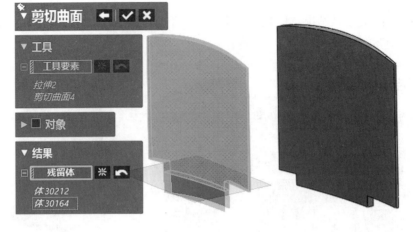

图 1.31　剪切曲面 5

(23)布尔运算 1(合并)

调用【布尔运算】命令,【操作方法】选择"合并",【工具要素】选择"剪切曲面 5""切割 1",如图 1.32 所示。

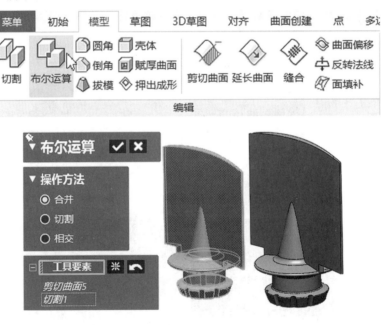

图 1.32　布尔运算 1(合并)

(24)圆角 1(恒定)—圆角 8(恒定)

调用【圆角】命令,"固定圆角"选中,【圆角要素设置】选择如图 1.33 所示,【半径】分别设置为"6.25 mm""6.2 mm""4.6 mm""5.5 mm""3.2 mm""4.5 mm""2.5 mm""2.5 mm""0.5 mm""1 mm"。

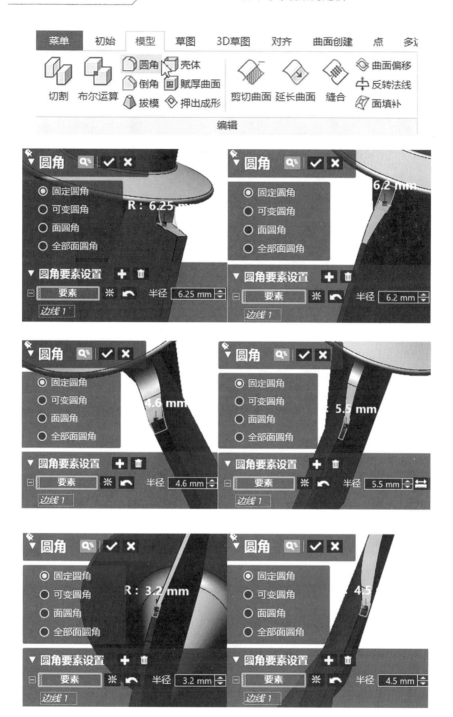

图 1.33　圆角 1(恒定)—圆角 8(恒定)

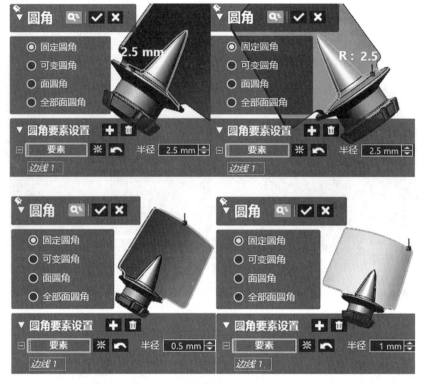

续图 1.33

（25）保存文件

点选【菜单】—【文件】—【保存】，在弹出的对话框中修改文件名，保存文件，如图 1.34
所示。

图 1.34　保存文件

3. 桨叶【体偏差】检测

选择绘图区上侧工具条【体偏差】命令检测桨叶建模质量,如图 1.35 所示。

桨叶卡轴

桨叶叶片

图 1.35　桨叶建模质量检测

任务 1.2　螺旋桨建模

课前预习

(1)根据建模过程掌握螺旋桨零件逆向建模的思路与方法
(2)熟悉知识链接中包含的建模命令

任务描述

根据图 1.36 建模过程完成螺旋桨零件的逆向建模,文件名为 * :\实例文件\零件图档\螺旋桨.xrl。

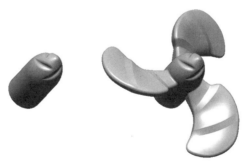

图 1.36　螺旋桨建模过程

知识链接

(1)【草图】—【面片草图】

（2）【模型】—【创建实体】—【回转】

（3）【模型】—【编辑】—【圆角】

（4）【草图】—【草图】

（5）【模型】—【创建曲面】—【拉伸】

（6）【模型】—【编辑】—【剪切曲面】

（7）【模型】—【阵列】—【圆形阵列】

（8）【模型】—【编辑】—【切割】

（9）【领域】—【插入】

（10）【3D草图】—【3D草图】

（11）【模型】—【创建曲面】—【放样】

（12）【模型】—【编辑】—【缝合】

（13）【模型】—【编辑】—【曲面偏移】

（14）【模型】—【编辑】—【延长曲面】

（15）【模型】—【编辑】—【布尔运算】

建模过程

1. 螺旋桨轴体

（1）草图1（面片）

调用【面片草图】命令，【基准平面】选择"右平面"，【绘制】栏中选择【直线】【中心点圆弧】【圆角】命令，以系统投影线为基准绘制草图，如图1.37所示。

图1.37　草图1（面片）

（2）回转1

调用【回转】命令，【基准草图】选择"草图1（面片）"，【轮廓】选择如图1.37所示草图1（面片）上部曲线，【轴】选择如图1.37所示草图1（面片）中心直线部分，【方法】选择"单侧方向"，【角度】设置为"360°"，如图1.38所示。

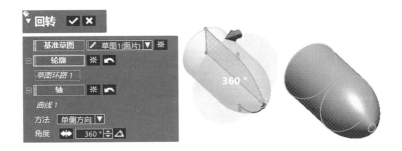

图 1.38　回转 1

（3）圆角 1（恒定）

调用【圆角】命令，选择"固定圆角"，【圆角要素设置】选择如图 1.39 所示，【半径】设置为"0.5 mm"，【选项】选择"切线扩张"。

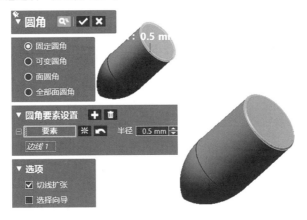

图 1.39　圆角 1（恒定）

（4）草图 2

调用【草图】命令，【基准平面】选择"前平面"，进入草图界面后，结合表面凹陷边沿特征，选择【样条曲线】命令，绘制如图 1.40 所示草图。

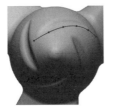

图 1.40　草图 2

（5）拉伸 1

调用【拉伸】命令，【基准草图】选择"草图 2"，【方向】中【方法】选择"距离"，【长度】设置为"49.75 mm"，如图 1.41 所示。

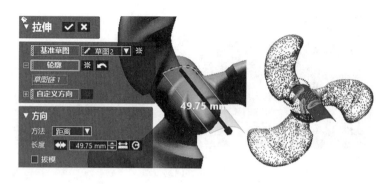

图 1.41　拉伸 1

（6）草图 3

调用【草图】命令，【基准平面】选择"上平面"，进入草图界面后，结合表面凹陷边沿特征，选择【样条曲线】命令，绘制如图 1.42 所示草图。

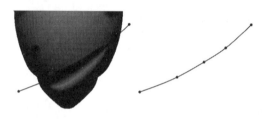

图 1.42　草图 3

（7）拉伸 2

调用【拉伸】命令，【基准草图】选择"草图 3"，【方向】中【方法】选择"距离"，【长度】设置为"20 mm"，如图 1.43 所示。

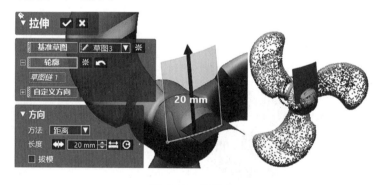

图 1.43　拉伸 2

（8）剪切曲面 1

调用【剪切曲面】命令，【工具要素】选择"拉伸 1""拉伸 2"，【对象体】选择"拉伸 1""拉伸 2"，点击"下一阶段"，【残留体】选择前侧，如图 1.44 所示。

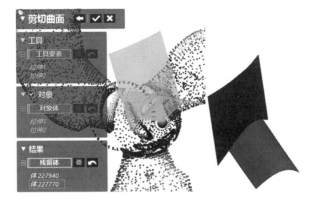

图 1.44　剪切曲面 1

（9）圆角 2（恒定）

调用【圆角】命令，选择"固定圆角"，【圆角要素设置】选择如图 1.45 所示，【半径】设置为"1.2 mm"，【选项】选择"切线扩张"。

图 1.45　圆角 2（恒定）

（10）圆形草图阵列 1

调用【圆形阵列】命令，【体】选择"圆角 2（恒定）"，【回转轴】选择如图 1.38 所示回转 1 中心轴，【要素数】设置为"4"，【交差角】设置为"90°"，选择"用轴回转"，如图 1.46 所示。

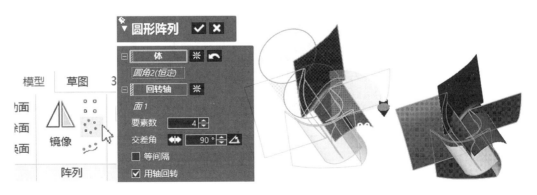

图 1.46　圆形草图阵列 1

（11）切割 1

调用【切割】命令，【工具要素】选择"圆角 2（恒定）"，【对象体】选择"圆角 1（恒定）"，【残留体】选择内侧，如图 1.47 所示。

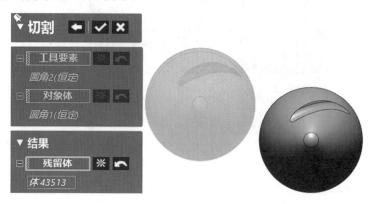

图 1.47　切割 1

（12）切割 2

调用【切割】命令，【工具要素】选择"圆形草图阵列 1_3"，【对象体】选择"切割 1"，【残留体】选择内侧，如图 1.48 所示。

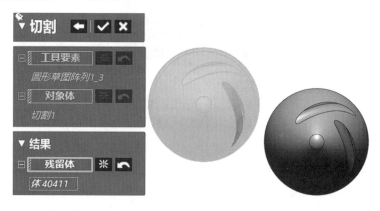

图 1.48　切割 2

（13）切割 3

调用【切割】命令，【工具要素】选择"圆形草图阵列 1_2"，【对象体】选择"切割 2"，【残留体】选择内侧，如图 1.49 所示。

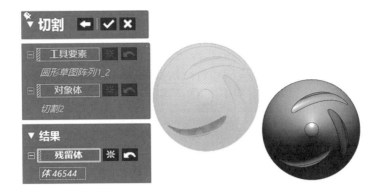

图 1.49　切割 3

（14）切割 4

调用【切割】命令,【工具要素】选择"圆形草图阵列 1_1",【对象体】选择"切割 3",【残留体】选择内侧,如图 1.50 所示。

图 1.50　切割 4

（15）圆角 3（恒定）

调用【圆角】命令,选择"固定圆角",【圆角要素设置】选择如图 1.51 所示,【半径】设置为"1.8 mm",【选项】选择"切线扩张"。

图 1.51　圆角 3（恒定）

2. 螺旋桨叶片

（1）领域组 1

调用【领域】命令，选择如图 1.52 所示特征区域，选择命令使用【画笔选择模式】，选择完毕后，点选【编辑】框中【插入】，重复多次，创建多个不同"领域"。

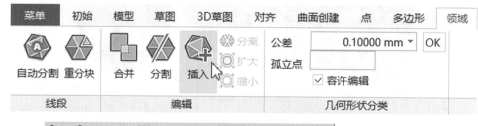

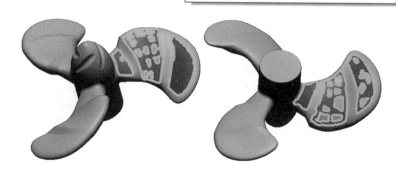

图 1.52　领域组 1

（2）草图 4

调用【草图】命令，【基准平面】选择"前平面"，进入草图界面后，结合叶片边沿特征，选择【样条曲线】【直线】命令，绘制如图 1.53 所示草图。

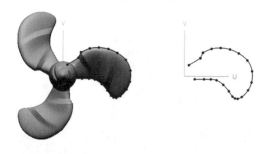

图 1.53　草图 4

（3）拉伸 3

调用【拉伸】命令，【基准草图】选择"草图 4"，【方向】中【方法】选择"距离"，【长度】设置为"30 mm",如图 1.54 所示。

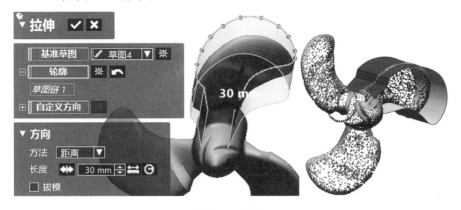

图 1.54　拉伸 3

(4)面片拟合 1

调用【面片拟合】命令,【领域/单元面】选择如图 1.55 所示区域,【分辨率】"U 控制点数"设置为"8"、"V 控制点数"设置为"6"。

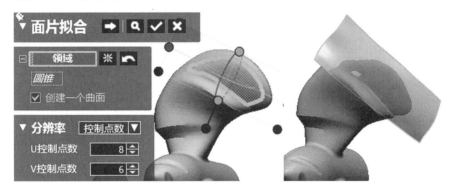

图 1.55　面片拟合 1

(5)面片拟合 2

调用【面片拟合】命令,【领域/单元面】选择如图 1.56 所示区域,【分辨率】"U 控制点数"设置为"8"、"V 控制点数"设置为"6"。

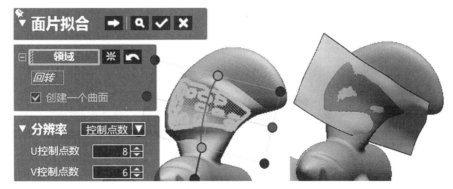

图 1.56　面片拟合 2

28

（6）3D 草图 1

调用【3D 草图】命令,【绘制】栏中选择【样条曲线】命令,在"面片拟合 1""面片拟合 2"上创建如图 1.57 所示两条曲线。

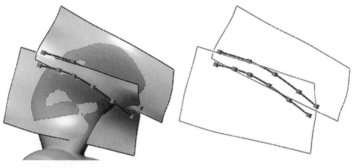

图 1.57　3D 草图 1

（7）剪切曲面 2

调用【剪切曲面】命令,【工具要素】选择如图 1.57 所示 3D 草图 1 两曲线,【对象体】选择"面片拟合 1""面片拟合 2",点击"下一阶段",【残留体】选择两侧,如图 1.58 所示。

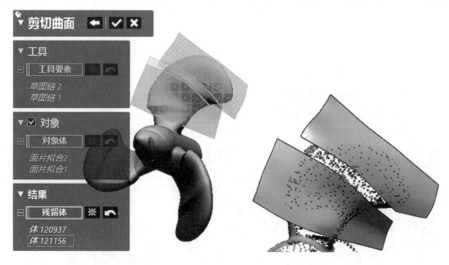

图 1.58　剪切曲面 2

(8)放样1

调用【放样】命令,【轮廓】选择如图 1.58 所示剪切曲面 2 对应边线,如图 1.59 所示。

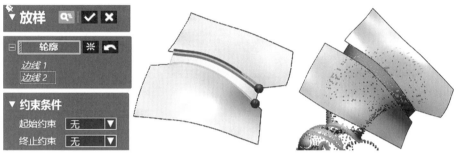

图 1.59 放样 1

(9)缝合1

调用【缝合】命令,【曲面体】选择"剪切曲面 2_1""剪切曲面 2_2""放样 1",如图 1.60 所示。

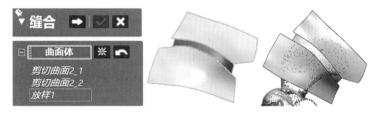

图 1.60 缝合 1

(10)面片拟合 3

调用【面片拟合】命令,【领域/单元面】选择如图 1.61 所示区域,【分辨率】"U 控制点数"设置为"8"、"V 控制点数"设置为"6"。

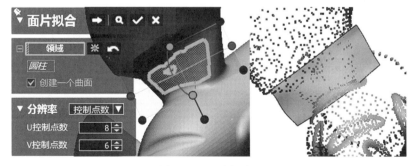

图 1.61 面片拟合 3

（11）3D 草图 2

调用【3D 草图】命令，【绘制】栏中选择【样条曲线】命令，在"面片拟合 2""面片拟合 3"上创建如图 1.62 所示两条曲线。

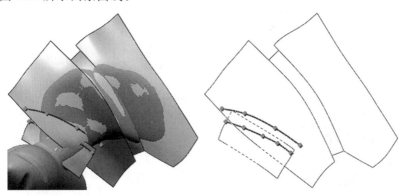

图 1.62　3D 草图 2

（12）剪切曲面 3

调用【剪切曲面】命令，【工具要素】选择如图 1.62 所示 3D 草图 2 两曲线，【对象体】选择"放样 1""面片拟合 3"，点击"下一阶段"，【残留体】选择两侧，如图 1.63 所示。

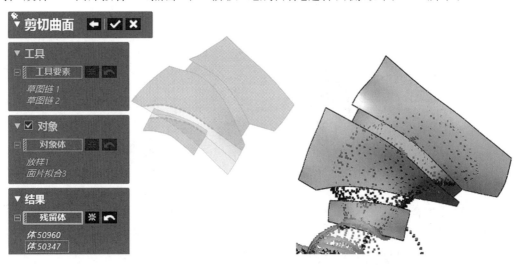

图 1.63　剪切曲面 3

（13）放样 2

调用【放样】命令，【轮廓】选择如图 1.63 所示剪切曲面 3 对应边线，如图 1.64 所示。

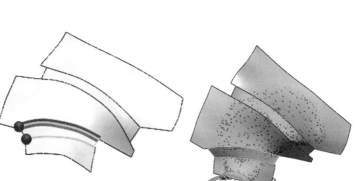

图 1.64 　放样 2

(14)缝合 2

调用【缝合】命令,【曲面体】选择"剪切曲面 3_1""剪切曲面 3_2""放样 2",如图 1.65 所示。

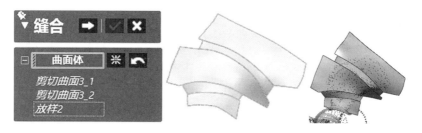

图 1.65 　缝合 2

(15)面片拟合 4

调用【面片拟合】命令,【领域/单元面】选择如图 1.66 所示区域,【分辨率】"U 控制点数"设置为"8"、"V 控制点数"设置为"6"。

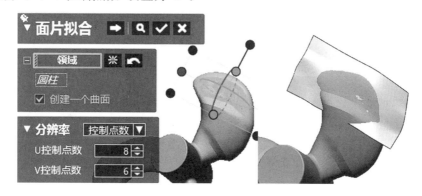

图 1.66 　面片拟合 4

(16)面片拟合 5

调用【面片拟合】命令,【领域/单元面】选择如图 1.67 所示区域,【分辨率】"U 控制点数"设置为"8"、"V 控制点数"设置为"6"。

图 1.67　面片拟合 5

(17)3D 草图 3

调用【3D 草图】命令,【绘制】栏中选择【样条曲线】命令,在"面片拟合 4""面片拟合 5"上创建如图 1.68 所示两条曲线。

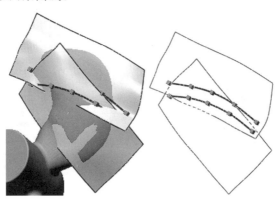

图 1.68　3D 草图 3

(18)剪切曲面 4

调用【剪切曲面】命令,【工具要素】选择如图 1.68 所示 3D 草图 3 两曲线,【对象体】选择"面片拟合 4""面片拟合 5",点击"下一阶段",【残留体】选择两侧,如图 1.69 所示。

图 1.69　剪切曲面 4

(19)放样 3

调用【放样】命令,【轮廓】选择如图 1.69 所示剪切曲面 4 对应边线,如图 1.70 所示。

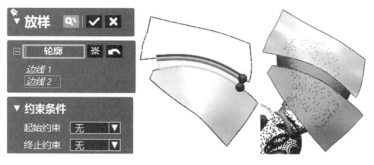

图 1.70　放样 3

(20)缝合 3

调用【缝合】命令,【曲面体】选择"剪切曲面 4_1""剪切曲面 4_2""放样 3",如图 1.71 所示。

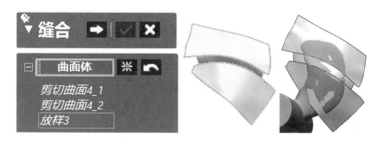

图 1.71　缝合 3

(21)面片拟合 6

调用【面片拟合】命令,【领域/单元面】选择如图 1.72 所示区域,【分辨率】"U 控制点数"设置为"8"、"V 控制点数"设置为"6"。

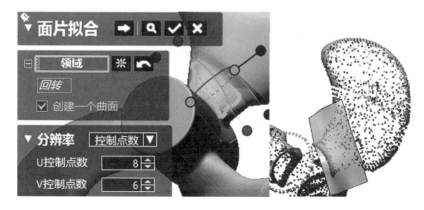

图 1.72　面片拟合 6

（22）3D 草图 4

调用【3D 草图】命令，【绘制】栏中选择【样条曲线】命令，在"面片拟合 5""面片拟合 6"上创建如图 1.73 所示两条曲线。

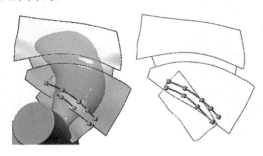

图 1.73　3D 草图 4

（23）剪切曲面 5

调用【剪切曲面】命令，【工具要素】选择如图 1.73 所示 3D 草图 4 两曲线，【对象体】选择"面片拟合 6""放样 3"，点击"下一阶段"，【残留体】选择两侧，如图 1.74 所示。

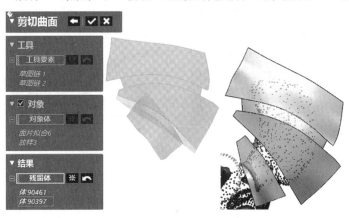

图 1.74　剪切曲面 5

（24）放样 4

调用【放样】命令，【轮廓】选择如图 1.74 所示剪切曲面 5 对应边线，如图 1.75 所示。

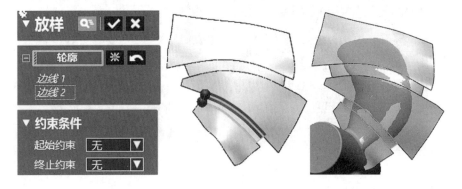

图 1.75　放样 4

(25)缝合 4

调用【缝合】命令,【曲面体】选择"剪切曲面 5_1""剪切曲面 5_2""放样 4",如图 1.76 所示。

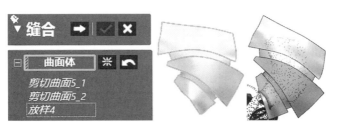

图 1.76　缝合 4

(26)剪切曲面 6

调用【剪切曲面】命令,【工具要素】选择"拉伸 3",【对象体】选择"放样 2""放样 4",点击"下一阶段",【残留体】选择内侧,如图 1.77 所示。

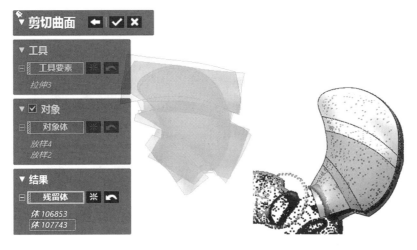

图 1.77　剪切曲面 6

(27)剪切曲面 7

调用【剪切曲面】命令,【工具要素】选择"剪切曲面 6_1""剪切曲面 6_2",【对象体】选择"拉伸 3",点击"下一阶段",【残留体】选择内侧,如图 1.78 所示。

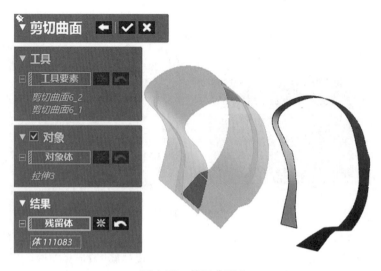

图 1.78　剪切曲面 7

(28)缝合 5

调用【缝合】命令,【曲面体】选择"剪切曲面 6_1""剪切曲面 6_2""剪切曲面 7",如图 1.79 所示。

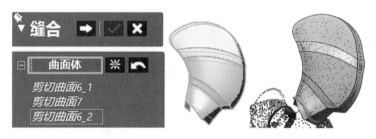

图 1.79　缝合 5

(29)圆角 4(恒定)—圆角 7(恒定)

调用【圆角】命令,选择"固定圆角",【圆角要素设置】选择如图 1.80 所示,【半径】分别设置为"3 mm""1 mm""3 mm""1.5 mm",【选项】选择"切线扩张"。

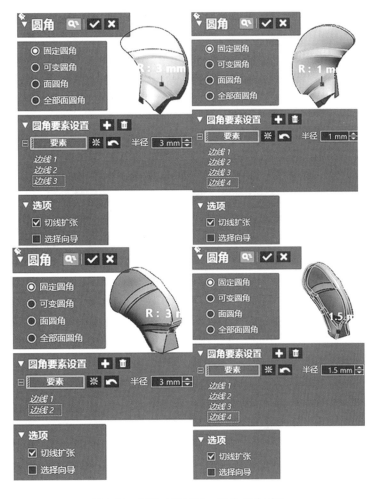

图 1.80　圆角 4(恒定)—圆角 7(恒定)

（30）曲面偏移 1

调用【曲面偏移】命令，【面】选择如图 1.38 所示回转 1 顶面和圆柱面，【偏移距离】设置为"0 mm"，【详细设置】选择"删除原始面"，如图 1.81 所示。

图 1.81　曲面偏移 1

（31）延长曲面 1

调用【延长曲面】命令，【边线/面】选择如图 1.82 所示对应边，【终止条件】选择"距离 1 mm"，【延长方法】选择"同曲面"。

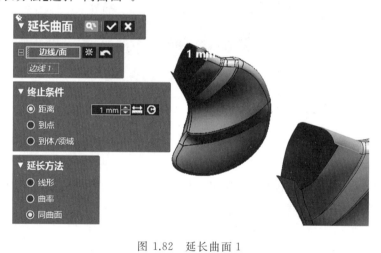

图 1.82　延长曲面 1

（32）延长曲面 2

调用【延长曲面】命令，边线/面选择如图 1.83 所示对应边，【终止条件】选择"距离 1 mm"，【延长方法】选择"同曲面"。

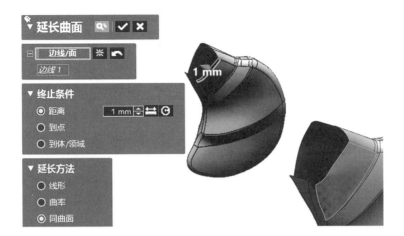

图 1.83　延长曲面 2

（33）延长曲面 3

调用【延长曲面】命令,【边线/面】选择如图 1.84 所示对应边,【终止条件】选择"距离 1 mm",【延长方法】选择"同曲面"。

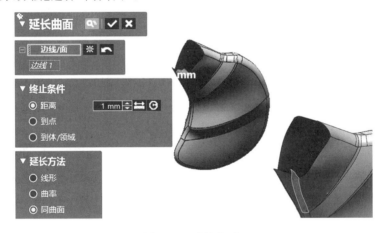

图 1.84　延长曲面 3

（34）剪切曲面 8

调用【剪切曲面】命令,【工具要素】选择"圆角 7（恒定）""曲面偏移 1",【对象体】选择 "圆角 7（恒定）""曲面偏移 1",点击"下一阶段",【残留体】选择外侧,如图 1.85 所示。

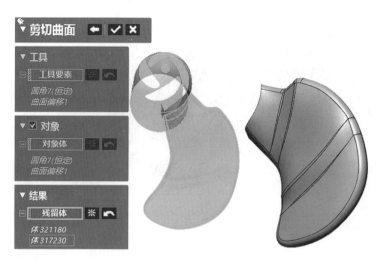

图 1.85　剪切曲面 8

（35）圆形草图阵列 2

调用【圆形阵列】命令，【体】选择"剪切曲面 8"，【回转轴】选择如图 1.38 所示回转 1 中心轴，【要素数】设置为"3"，【交差角】设置为"120°"，选择"用轴回转"，如图 1.86 所示。

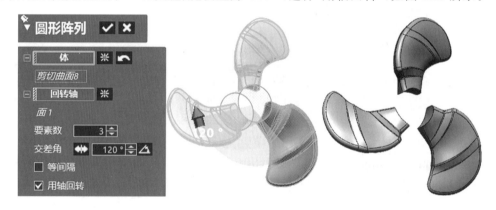

图 1.86　圆形草图阵列 2

（36）布尔运算 1（合并）

调用【布尔运算】命令，【操作方法】选择"合并"，【工具要素】选择"圆角 3（恒定）""剪切曲面 8""圆形草图阵列 2_1""圆形草图阵列 2_2"，如图 1.87 所示。

图 1.87　布尔运算 1(合并)

(37)圆角 8(恒定)

调用【圆角】命令,选择"固定圆角",【圆角要素设置】选择如图 1.88 所示,【半径】设置为"1 mm",【选项】选择"切线扩张"。

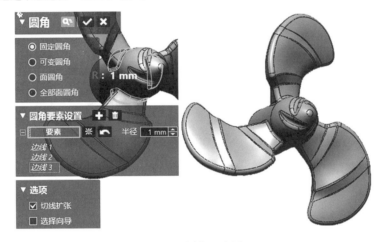

图 1.88　圆角 8(恒定)

3. 螺旋桨【体偏差】检测

选择绘图区上侧工具条【体偏差】命令检测螺旋桨建模质量,如图 1.89 所示。

42

螺旋桨
转轴

螺旋桨
桨叶

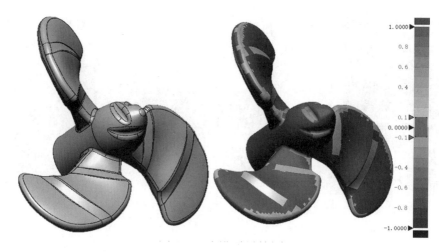

图 1.89　螺旋桨建模质量检测

素 养 园 地

  自古以来,中国就是航海大国,中国古代船舶的发展在历史上留下了浓墨重彩的一笔。早在公元前3 000多年前,中国就已经出现了船舶的雏形。当时,人们使用木筏和竹筏进行水上运输。随着时间的推移,中国古代船舶制造技术不断进步。在春秋战国时期,船舶制造已经达到了较高的水平,船体结构更加坚固,船帆的出现也使得船舶的航行能力大大提高。同时,船舶的种类也越来越多,如战船、货船、客船等,适应了不同场合的需求。

  随着造船技术的进步,中国古代船舶的动力系统也在不断改进。在唐朝时期,人们开始使用风帆作为船舶的动力,这大大提高了船舶的航行速度和距离。到了宋朝,人们开始使用明轮作为船舶的动力。中国古代船舶导航技术也是非常先进的。在唐朝时期,人们开始使用指南针进行航向定位,这大大提高了船舶的航行精度和安全性。到了明清时期,人们开始使用天文导航技术,通过观察天文现象来确定航向和距离,这进一步提高了船舶的航行能力。

  同时,中国古代船舶的发展不仅推动了技术的发展,还促进了文化交流。古代的商船队将丝绸、瓷器、茶叶等商品运往海外,同时也将外国的香料、珠宝等商品带回国内。这些贸易活动促进了不同地区之间的文化交流,推动了人类文明的进步。

  但是,在近代历史中,中国的船舶制造业发展主要依赖进口。随着中国经济的持续增长和全球贸易的扩大,中国的船舶工业也在不断壮大,展现出令人瞩目的辉煌成就。从传统的木船到现代的大型集装箱船,从古老的帆船到高速的油轮,中国的船舶工业在短短几十年间取得了巨大的进步。现在,中国船舶制造业的规模和水平已经达到了世界领先水平,中国已经成为全球最大的造船国之一,拥有庞大的造船厂和先进的生产设备。同时,中国船舶的设计和制造技术也得到了显著提升。中国的船舶设计师们已经能够设计出各种不同类型的船舶,包括大型集装箱船、油轮、化学品船、液化天然气船等。此外,中国船舶的出口也取得了巨大的成功。中国的船舶制造商已经能够向全球市场提供各种类型的船舶,包括散货船、集装箱船、油轮等,这些船舶不仅满足了全球市场的需求,而且为中国赢得了国际声誉。

项目工卡

任务 1　桨叶建模课前预习卡

项目概况			

序号	实现命令	命令要素	结果要求
①			□已理解□需详讲
			□已理解□需详讲
			□已理解□需详讲
			□已理解□需详讲
②			□已理解□需详讲
			□已理解□需详讲
			□已理解□需详讲
			□已理解□需详讲
			□已理解□需详讲
③			□已理解□需详讲
			□已理解□需详讲
			□已理解□需详讲
			□已理解□需详讲
			□已理解□需详讲
			□已理解□需详讲
			□已理解□需详讲
			□已理解□需详讲
			□已理解□需详讲
			□已理解□需详讲
			□已理解□需详讲
			□已理解□需详讲
④			□已理解□需详讲
			□已理解□需详讲
			□已理解□需详讲
			□已理解□需详讲
			□已理解□需详讲
			□已理解□需详讲
			□已理解□需详讲
			□已理解□需详讲
			□已理解□需详讲
			□已理解□需详讲
			□已理解□需详讲

任务1　桨叶建模课堂互检卡

项目概况

  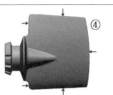

评价项目	实现命令	模型完成程度
①		□已完成 □基本完成 □未完成
		□已完成 □基本完成 □未完成
		□已完成 □基本完成 □未完成
		□已完成 □基本完成 □未完成
②		□已完成 □基本完成 □未完成
		□已完成 □基本完成 □未完成
		□已完成 □基本完成 □未完成
		□已完成 □基本完成 □未完成
		□已完成 □基本完成 □未完成
③		□已完成 □基本完成 □未完成
		□已完成 □基本完成 □未完成
		□已完成 □基本完成 □未完成
		□已完成 □基本完成 □未完成
		□已完成 □基本完成 □未完成
		□已完成 □基本完成 □未完成
		□已完成 □基本完成 □未完成
		□已完成 □基本完成 □未完成
		□已完成 □基本完成 □未完成
		□已完成 □基本完成 □未完成
		□已完成 □基本完成 □未完成
		□已完成 □基本完成 □未完成
④		□已完成 □基本完成 □未完成
		□已完成 □基本完成 □未完成
		□已完成 □基本完成 □未完成
		□已完成 □基本完成 □未完成
		□已完成 □基本完成 □未完成
		□已完成 □基本完成 □未完成
		□已完成 □基本完成 □未完成
		□已完成 □基本完成 □未完成
		□已完成 □基本完成 □未完成

评价等级	A	B	C	D

任务 2　螺旋桨建模课前预习卡

项目概况

序号	实现命令	命令要素	结果要求
①			□已理解□需详讲
			□已理解□需详讲
			□已理解□需详讲
②			□已理解□需详讲
			□已理解□需详讲
			□已理解□需详讲
			□已理解□需详讲
			□已理解□需详讲
			□已理解□需详讲
			□已理解□需详讲
			□已理解□需详讲
			□已理解□需详讲
			□已理解□需详讲
			□已理解□需详讲
			□已理解□需详讲
			□已理解□需详讲
③			□已理解□需详讲
			□已理解□需详讲
			□已理解□需详讲
			□已理解□需详讲
			□已理解□需详讲
			□已理解□需详讲
			□已理解□需详讲
			□已理解□需详讲
			□已理解□需详讲
④			□已理解□需详讲
			□已理解□需详讲
			□已理解□需详讲
			□已理解□需详讲
			□已理解□需详讲
			□已理解□需详讲
			□已理解□需详讲
			□已理解□需详讲

任务 2　螺旋桨建模课堂互检卡

项目概况		

评价项目	实现命令	模型完成程度
①		□已完成 □基本完成 □未完成
		□已完成 □基本完成 □未完成
		□已完成 □基本完成 □未完成
②		□已完成 □基本完成 □未完成
		□已完成 □基本完成 □未完成
		□已完成 □基本完成 □未完成
		□已完成 □基本完成 □未完成
		□已完成 □基本完成 □未完成
		□已完成 □基本完成 □未完成
		□已完成 □基本完成 □未完成
		□已完成 □基本完成 □未完成
		□已完成 □基本完成 □未完成
③		□已完成 □基本完成 □未完成
		□已完成 □基本完成 □未完成
		□已完成 □基本完成 □未完成
		□已完成 □基本完成 □未完成
		□已完成 □基本完成 □未完成
		□已完成 □基本完成 □未完成
		□已完成 □基本完成 □未完成
		□已完成 □基本完成 □未完成
		□已完成 □基本完成 □未完成
④		□已完成 □基本完成 □未完成
		□已完成 □基本完成 □未完成
		□已完成 □基本完成 □未完成
		□已完成 □基本完成 □未完成
		□已完成 □基本完成 □未完成
		□已完成 □基本完成 □未完成
		□已完成 □基本完成 □未完成
		□已完成 □基本完成 □未完成

评价等级	A	B	C	D

项目 2　花洒与车门把手的建模

任务 2.1　花洒建模

课前预习

(1)根据建模过程掌握花洒零件逆向建模的思路与方法

(2)熟悉知识链接中包含的建模命令

任务描述

根据图 2.1 建模过程完成花洒零件的逆向建模,文件名为＊:\实例文件\零件图档\花洒.xrl。

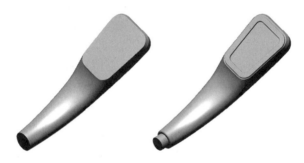

图 2.1　花洒建模过程

知识链接

(1)【领域】—【插入】

(2)【模型】—【向导】—【面片拟合】

(3)【3D 草图】—【3D 草图】

(4)【模型】—【编辑】—【剪切曲面】

(5)【模型】—【创建曲面】—【放样】

(6)【模型】—【编辑】—【缝合】

(7)【模型】—【编辑】—【延长曲面】

(8)【草图】—【面片草图】

（9）【模型】—【创建曲面】—【拉伸】

（10）【模型】—【编辑】—【圆角】

（11）【模型】—【创建曲面】—【基础曲面】

（12）【模型】—【参考几何图形】—【平面】

（13）【模型】—【阵列】—【镜像】

（14）【模型】—【编辑】—【布尔运算】

建模过程

1. 花洒柄身

（1）领域组1

调用【领域】命令，选择图2.2所示特征区域，选择命令使用【画笔选择模式】，选择完毕后，点选【编辑】框中【插入】，重复多次，创建多个不同"领域"。

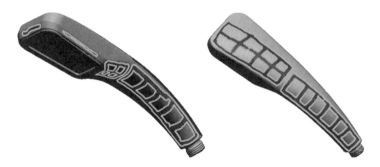

图2.2　领域组1

（2）面片拟合1

调用【面片拟合】命令，【领域/单元面】选择如图2.3所示区域，【许可偏差】设置为"0.1 mm"，【最大控制点数】设置为"40"。

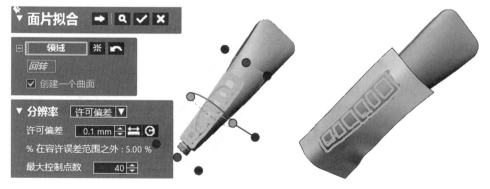

图2.3　面片拟合1

（3）面片拟合2

调用【面片拟合】命令，【领域/单元面】选择如图2.4所示区域，【许可偏差】设置为"0.1 mm"，【最大控制点数】设置为"40"。

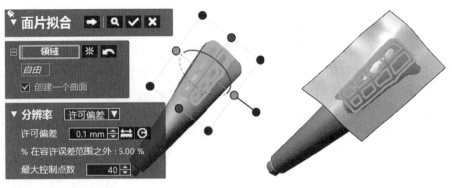

图 2.4　面片拟合 2

（4）3D 草图 1

调用【3D 草图】命令，【绘制】栏中选择【样条曲线】命令，在"面片拟合 1""面片拟合 2"上创建如图 2.5 所示两条曲线。

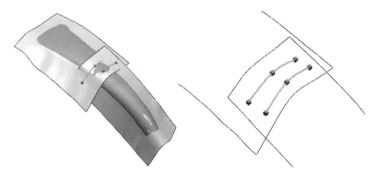

图 2.5　3D 草图 1

（5）剪切曲面 1

调用【剪切曲面】命令，【工具要素】选择如图 2.5 所示 3D 草图 1，【对象体】选择"面片拟合 1""面片拟合 2"，点击"下一阶段"，【残留体】选择外侧，如图 2.6 所示。

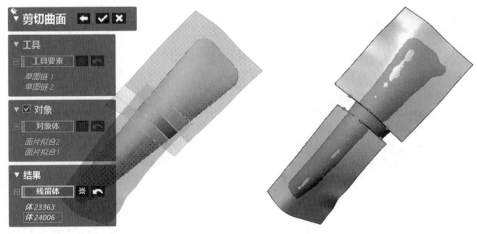

图 2.6　剪切曲面 1

（6）放样1

调用【放样】命令,【轮廓】选择如图2.6所示剪切曲面1对应边线,【约束条件】均选择"与面相切",相切面分别选择剪切曲面1对应两面,如图2.7所示。

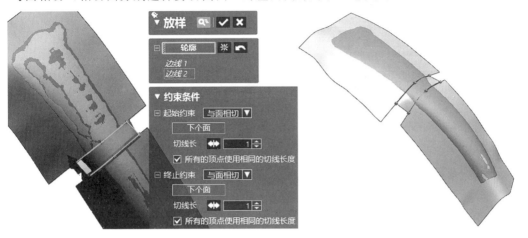

图2.7　放样1

（7）缝合1

调用【缝合】命令,【曲面体】选择"剪切曲面1_1""剪切曲面1_2""放样1",如图2.8所示。

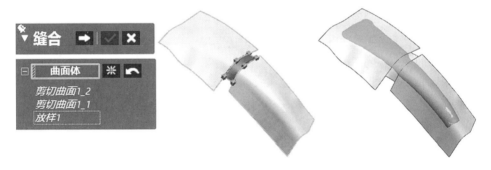

图2.8　缝合1

（8）面片拟合3

调用【面片拟合】命令,【领域/单元面】选择如图2.9所示区域,【许可偏差】设置为"0.1 mm",【最大控制点数】设置为"40"。

52

图 2.9　面片拟合 3

（9）面片拟合 4

调用【面片拟合】命令，【领域/单元面】选择如图 2.10 所示区域，【许可偏差】设置为 "0.1 mm"，【最大控制点数】设置为 "40"。

图 2.10　面片拟合 4

（10）3D 草图 2

调用【3D 草图】命令，【绘制】栏中选择【样条曲线】命令，在 "面片拟合 3" "面片拟合 4" 上创建如图 2.11 所示两条曲线。

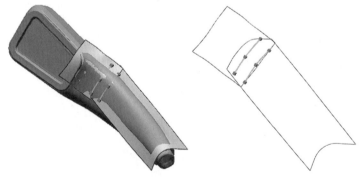

图 2.11　3D 草图 2

（11）剪切曲面 2

调用【剪切曲面】命令，【工具要素】选择如图 2.11 所示 3D 草图 2，【对象体】选择"面片拟合 3""面片拟合 4"，点击"下一阶段"，【残留体】选择外侧，如图 2.12 所示。

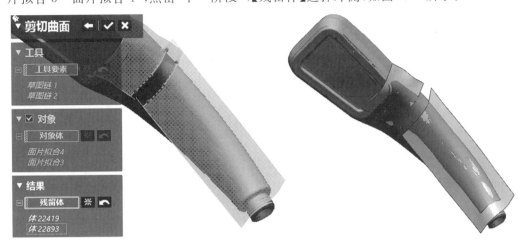

图 2.12　剪切曲面 2

（12）放样 2

调用【放样】命令，【轮廓】选择如图 2.12 所示剪切曲面 2 对应边线，【约束条件】均选择"与面相切"，相切面分别选择剪切曲面 2 对应两面，如图 2.13 所示。

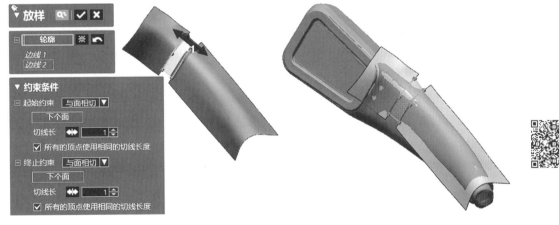

图 2.13　放样 2

（13）缝合 2

调用【缝合】命令，【曲面体】选择"剪切曲面 2_1""剪切曲面 2_2""放样 2"，如图 2.14 所示。

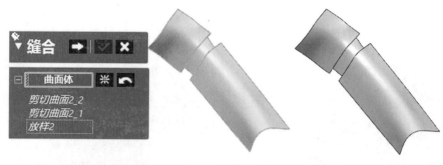

图 2.14　缝合 2

（14）延长曲面 1

调用【延长曲面】命令，【边线/面】选择如图 2.15 所示对应边，【终止条件】选择"距离 5 mm"，【延长方法】选择"同曲面"。

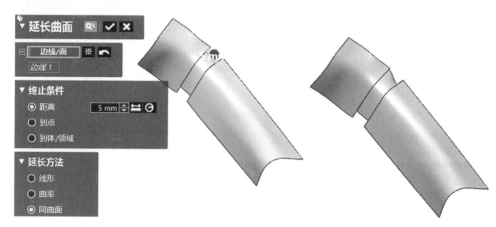

图 2.15　延长曲面 1

（15）剪切曲面 3

调用【剪切曲面】命令，【工具要素】选择"放样 1""放样 2"，【对象体】选择"放样 1""放样 2"，点击"下一阶段"，【残留体】选择左侧，如图 2.16 所示。

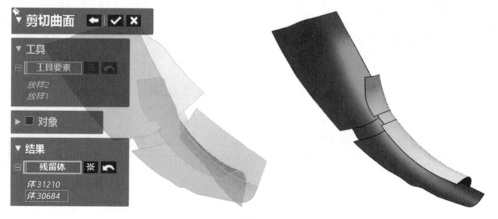

图 2.16　剪切曲面 3

（16）草图1（面片）

调用【面片草图】命令，【基准平面】选择"前平面"，【绘制】栏中选择【直线】命令，结合轮廓特征绘制草图，如图2.17所示。

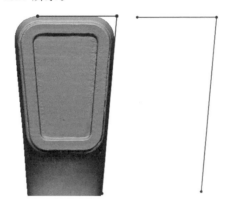

图 2.17 草图1（面片）

（17）拉伸1

调用【拉伸】命令，【基准草图】选择"草图1（面片）"，【方向】中【方法】选择"距离"，【长度】设置为"38.5 mm"，选择"拔模"，【角度】设置为"1°"，如图2.18所示。

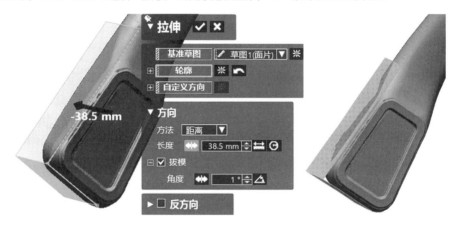

图 2.18 拉伸1

（18）延长曲面2

调用【延长曲面】命令，【边线/面】选择如图2.19所示对应边，【终止条件】选择"距离27 mm"，【延长方法】选择"同曲面"。

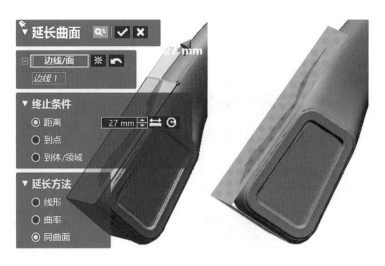

图 2.19　延长曲面 2

（19）圆角 1（恒定）

调用【圆角】命令，选择"固定圆角"，【圆角要素设置】选择如图 2.20 所示，【半径】设置为"4 mm"，【选项】选择"切线扩张"。

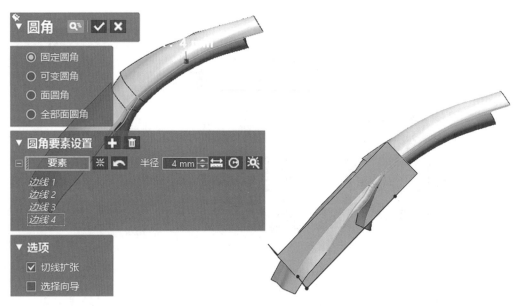

图 2.20　圆角 1（恒定）

（20）剪切曲面 4

调用【剪切曲面】命令，【工具要素】选择"圆角 1（恒定）""拉伸 1"，【对象体】选择"圆角 1（恒定）""拉伸 1"，点击"下一阶段"，【残留体】选择右侧，如图 2.21 所示。

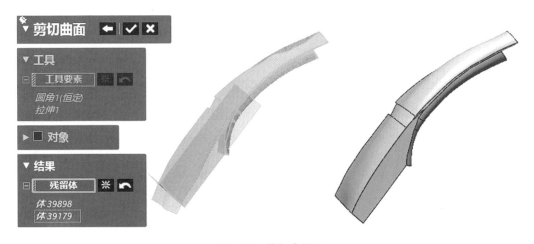

图 2.21　剪切曲面 4

(21)圆角 2(恒定)

　　调用【圆角】命令,选择"固定圆角",【圆角要素设置】选择如图 2.22 所示,【半径】设置为"14.5 mm",【选项】选择"切线扩张"。

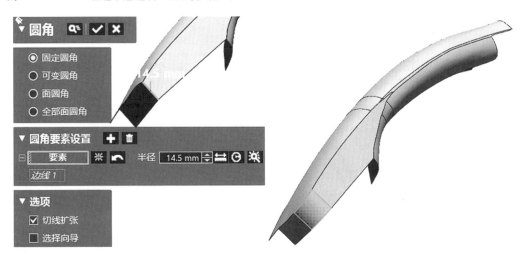

图 2.22　圆角 2(恒定)

(22)平面曲面 1

　　调用【基础曲面】命令,【领域】选择如图 2.23 所示区域,【提取形状】选择"平面",点击"下一阶段",点击"确定"。

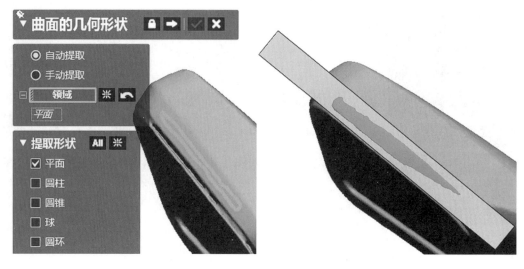

图 2.23　平面曲面 1

(23)平面曲面 2

调用【基础曲面】命令,【领域】选择如图 2.24 所示区域,【提取形状】选择"平面",点击"下一阶段",点击"确定"。

图 2.24　平面曲面 2

(24)剪切曲面 5

调用【剪切曲面】命令,【工具要素】选择"平面曲面 1""平面曲面 2",【对象体】选择"平面曲面 1""平面曲面 2",点击"下一阶段",【残留体】选择内侧,如图 2.25 所示。

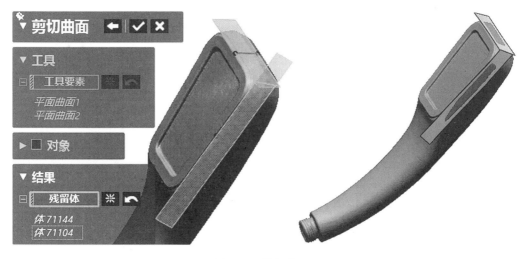

图 2.25　剪切曲面 5

（25）圆角 3（恒定）

调用【圆角】命令，选择"固定圆角"，【圆角要素设置】选择如图 2.26 所示，【半径】设置为"15 mm"，【选项】选择"切线扩张"。

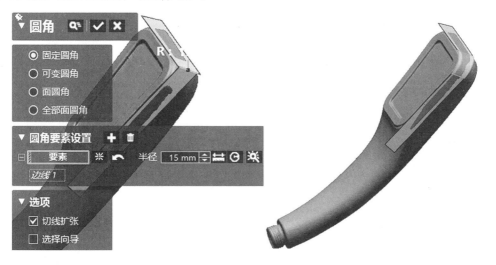

图 2.26　圆角 3（恒定）

（26）剪切曲面 6

调用【剪切曲面】命令，【工具要素】选择"圆角 2（恒定）""圆角 3（恒定）"，【对象体】选择"圆角 2（恒定）""圆角 3（恒定）"，点击"下一阶段"，【残留体】选择内侧，如图 2.27 所示。

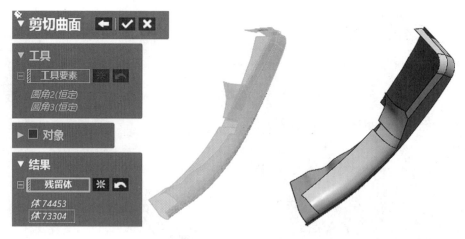

图 2.27　剪切曲面 6

（27）圆角 4(恒定)—圆角 6(恒定)

调用【圆角】命令，选择"固定圆角"，【圆角要素设置】选择如图 2.28 所示，【半径】分别设置为"10 mm""4 mm""4 mm"，【选项】选择"切线扩张"。

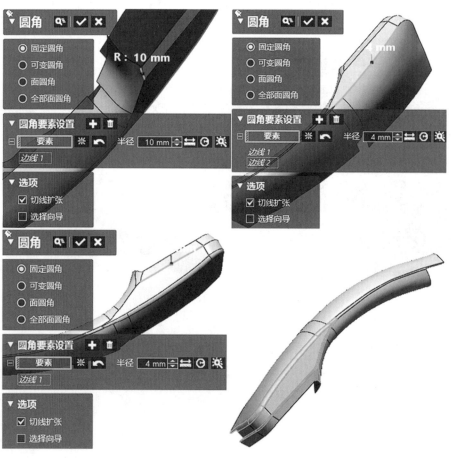

图 2.28　圆角 4(恒定)—圆角 6(恒定)

(28)平面3

调用【平面】命令,【要素】选择"上平面",【方法】选择"偏移",【距离】设置为"4 mm",如图2.29所示。

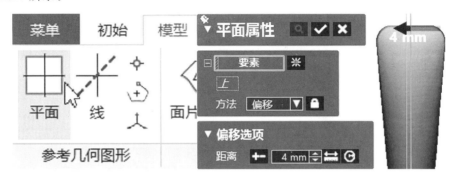

图 2.29　平面3

(29)剪切曲面7

调用【剪切曲面】命令,【工具要素】选择"平面3",【对象体】选择"圆角6(恒定)",点击"下一阶段",【残留体】选择外侧,如图2.30所示。

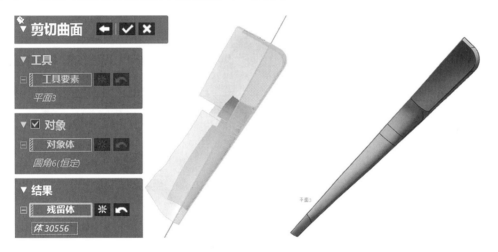

图 2.30　剪切曲面7

(30)镜像1

调用【镜像】命令,【体】选择"剪切曲面7",【对称平面】选择"上平面",如图2.31所示。

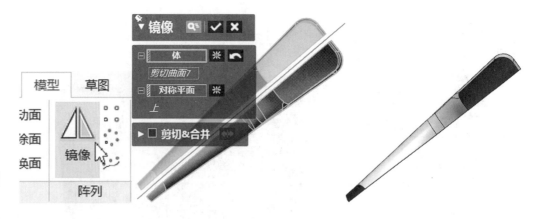

图 2.31 镜像 1

(31)放样 3

调用【放样】命令,【轮廓】选择如图 2.30、图 2.31 所示"剪切曲面 7""镜像 1"对应边线,【约束条件】均选择"与面相切",相切面分别选择"剪切曲面 7""镜像 1",如图 2.32 所示。

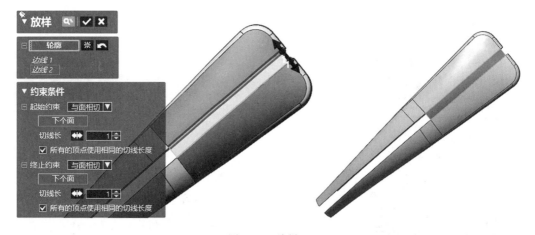

图 2.32 放样 3

(32)放样 4

调用【放样】命令,【轮廓】选择如图 2.30、图 2.31 所示"剪切曲面 7""镜像 1"对应边线,【约束条件】均选择"与面相切",相切面分别选择"剪切曲面 7""镜像 1",如图 2.33 所示。

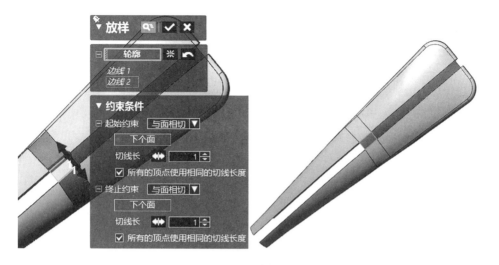

图 2.33　放样 4

（33）放样 5

调用【放样】命令,【轮廓】选择如图 2.30、图 2.31 所示"剪切曲面 7""镜像 1"对应边线,【约束条件】均选择"与面相切",相切面分别选择"剪切曲面 7""镜像 1",如图 2.34 所示。

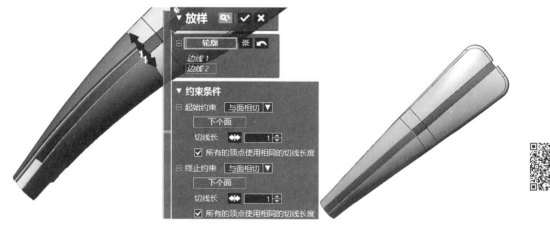

图 2.34　放样 5

（34）放样 6

调用【放样】命令,【轮廓】选择如图 2.30、图 2.31 所示"剪切曲面 7""镜像 1"对应边线,【约束条件】均选择"与面相切",相切面分别选择"剪切曲面 7""镜像 1",如图 2.35 所示。

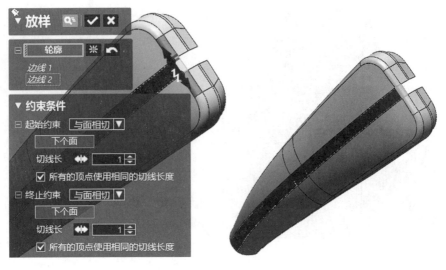

图 2.35　放样 6

(35)放样 7

调用【放样】命令,【轮廓】选择如图 2.30、图 2.31 所示"剪切曲面 7""镜像 1"对应边线,【约束条件】均选择"与面相切",相切面分别选择"剪切曲面 7""镜像 1",如图 2.36 所示。

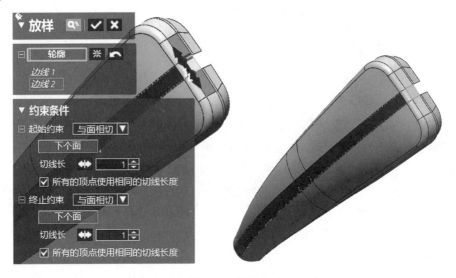

图 2.36　放样 7

(36)放样 8

调用【放样】命令,【轮廓】选择如图 2.30、图 2.31 所示"剪切曲面 7""镜像 1"对应边线,【约束条件】均选择"与面相切",相切面分别选择"剪切曲面 7""镜像 1",如图 2.37 所示。

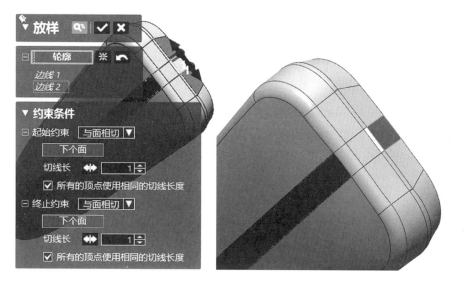

图 2.37　放样 8

（37）放样 9

调用【放样】命令,【轮廓】选择如图 2.30、图 2.31 所示"剪切曲面 7""镜像 1"对应边线,【约束条件】均选择"与面相切",相切面分别选择"剪切曲面 7""镜像 1",如图 2.38 所示。

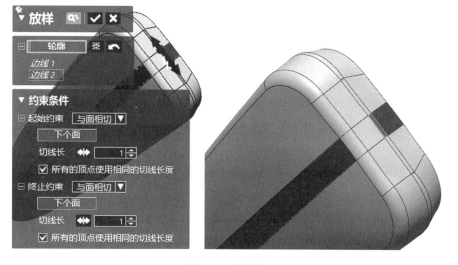

图 2.38　放样 9

（38）放样 10

调用【放样】命令,【轮廓】选择如图 2.30、图 2.31 所示"剪切曲面 7""镜像 1"对应边线,【约束条件】均选择"与面相切",相切面分别选择"剪切曲面 7""镜像 1",如图 2.39 所示。

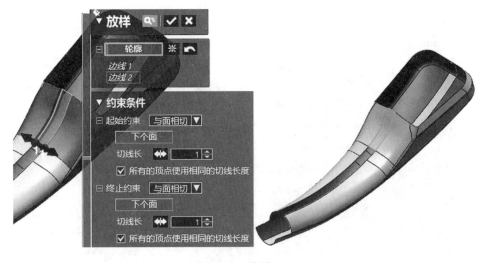

图 2.39　放样 10

(39)放样 11

调用【放样】命令,【轮廓】选择如图 2.30、图 2.31 所示"剪切曲面 7""镜像 1"对应边线,【约束条件】均选择"与面相切",相切面分别选择"剪切曲面 7""镜像 1",如图 2.40所示。

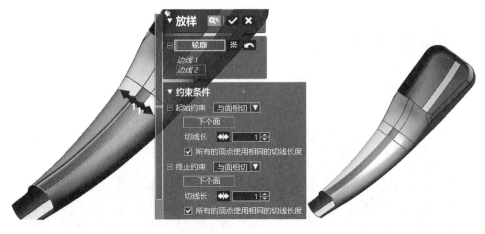

图 2.40　放样 11

(40)放样 12

调用【放样】命令,【轮廓】选择如图 2.30、图 2.31 所示"剪切曲面 7""镜像 1"对应边线,【约束条件】均选择"与面相切",相切面分别选择"剪切曲面 7""镜像 1",如图 2.41所示。

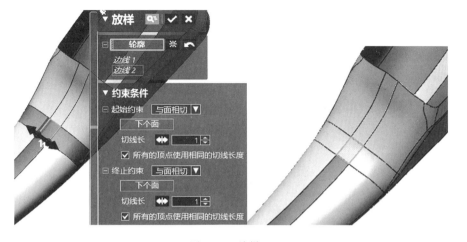

图 2.41　放样 12

（41）缝合 3

调用【缝合】命令,【曲面体】选择"剪切曲面 7""镜像 1""放样 3""放样 4""放样 5""放样 6""放样 7""放样 8""放样 9""放样 10""放样 11""放样 12",如图 2.42 所示。

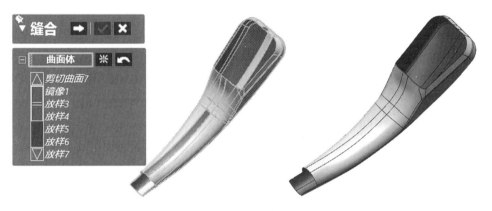

图 2.42　缝合 3

（42）草图 4

调用【草图】命令,【基准平面】选择"上平面",进入草图界面后,贴合花洒出水口"倒角面"根部位置,选择【直线】命令,绘制如图 2.43 所示草图。

图 2.43　草图 4

(43)拉伸 2

调用【拉伸】命令,【基准草图】选择"草图 4",【方向】中【方法】选择"距离",【长度】设置为"35 mm",【反方向】中【长度】设置为"37 mm",如图 2.44 所示。

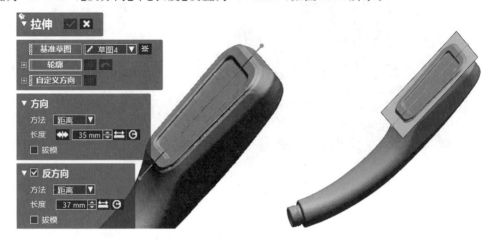

图 2.44　拉伸 2

(44)剪切曲面 8

调用【剪切曲面】命令,【工具要素】选择"拉伸 2""放样 12",【对象体】选择"拉伸 2""放样 12",点击"下一阶段",【残留体】选择内侧,如图 2.45 所示。

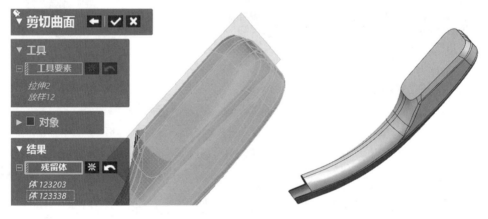

图 2.45　剪切曲面 8

(45)草图 5

调用【草图】命令,【基准平面】选择"上平面",进入草图界面后,贴合花洒"连接口"根部位置,选择【直线】命令,绘制如图 2.46 所示草图。

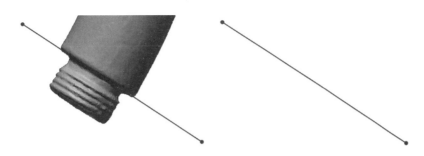

图 2.46　草图 5

（46）拉伸 3

调用【拉伸】命令，【基准草图】选择"草图 5"，【方向】中【方法】选择"距离"，【长度】设置为"35 mm"，【反方向】中【长度】设置为"37 mm"，如图 2.47 所示。

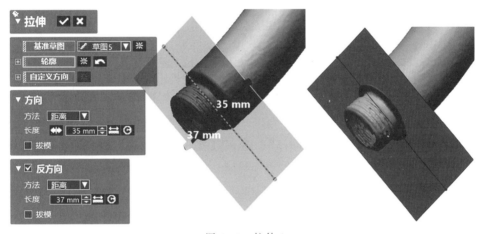

图 2.47　拉伸 3

（47）剪切曲面 9

调用【剪切曲面】命令，【工具要素】选择"拉伸 3""剪切曲面 8"，【对象体】选择"拉伸 3""剪切曲面 8"，点击"下一阶段"，【残留体】选择内侧，如图 2.48 所示。

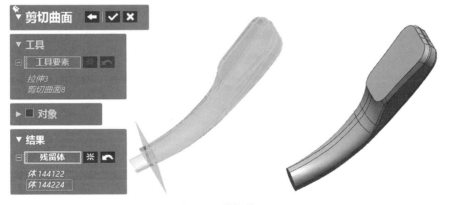

图 2.48　剪切曲面 9

2. 花洒头部与尾部

(1)草图 6

调用【草图】命令,【基准平面】选择"拉伸 2",进入草图界面后,贴合花洒"凸起"位置,选择【直线】【圆角】命令,绘制如图 2.49 所示草图。

图 2.49　草图 6

(2)拉伸 4

调用【拉伸】命令,【基准草图】选择"草图 6",【方向】中【方法】选择"距离",【长度】设置为"2.2 mm",如图 2.50 所示。

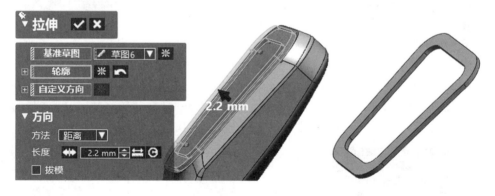

图 2.50　拉伸 4

(3)草图 7

调用【草图】命令,【基准平面】选择"拉伸 3",进入草图界面后,贴合花洒"连接口"根部位置,选择【圆】命令,绘制如图 2.51 所示草图。

图 2.51　草图 7

（4）拉伸 5

调用【拉伸】命令，【基准草图】选择"草图 7"，【方向】中【方法】选择"距离"，【长度】设置为"11 mm"，如图 2.52 所示。

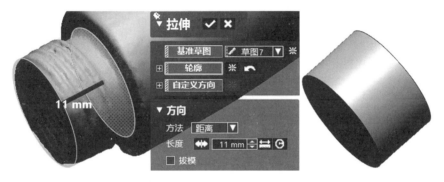

图 2.52　拉伸 5

（5）布尔运算 1（合并）

调用【布尔运算】命令，【操作方法】选择"合并"，【工具要素】选择"剪切曲面 9""拉伸4""拉伸 5"，如图 2.53 所示。

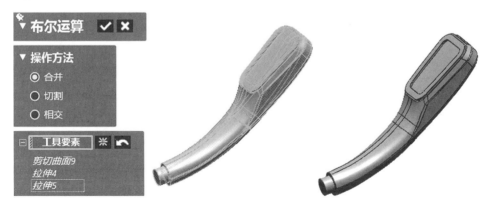

图 2.53　布尔运算 1（合并）

（6）圆角 7（恒定）—圆角 9（恒定）

调用【圆角】命令，选择"固定圆角"，【圆角要素设置】选择如图 2.54 所示，【半径】分别设置为"2 mm""1.5 mm""0.5 mm"，【选项】选择"切线扩张"。

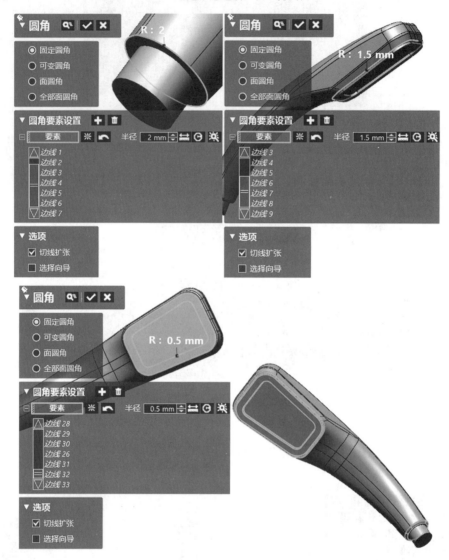

图 2.54　圆角 7（恒定）—圆角 9（恒定）

3. 花洒【体偏差】检测

选择绘图区上侧工具条【体偏差】命令检测花洒建模质量，如图 2.55 所示。

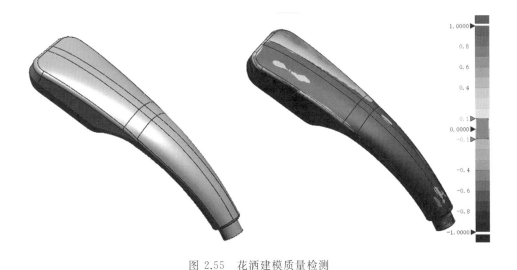

花洒柄身

花洒细节

图 2.55　花洒建模质量检测

任务 2.2　车门把手建模

课前预习

(1)根据建模过程掌握车门把手零件逆向建模的思路与方法

(2)熟悉知识链接中包含的建模命令

任务描述

根据图 2.56 建模过程完成车门把手零件的逆向建模,文件名为 ∗ :\实例文件\零件图档\车门把手.xrl。

图 2.56　车门把手建模过程

知识链接

(1)【领域】—【插入】

(2)【模型】—【向导】—【面片拟合】

(3)【草图】—【面片草图】

(4)【模型】—【创建曲面】—【拉伸】

(5)【模型】—【编辑】—【反转法线】

(6)【模型】—【编辑】—【剪切曲面】

(7)【模型】—【编辑】—【圆角】

(8)【3D 草图】—【3D 草图】

(9)【模型】—【编辑】—【延长曲面】

(10)【草图】—【草图】

(11)【模型】—【体/面】—【分割面】

(12)【模型】—【创建曲面】—【基础曲面】

(13)【模型】—【创建曲面】—【放样】

(14)【模型】—【编辑】—【缝合】

(15)【模型】—【编辑】—【面填补】

(16)【模型】—【阵列】—【镜像】

(17)【模型】—【参考几何图形】—【平面】

(18)【模型】—【编辑】—【曲面偏移】

(19)【模型】—【编辑】—【切割】

建模过程

1. 车门把手外形

(1)领域组 1

调用【领域】命令,选择如图 2.57 所示特征区域,选择命令使用【画笔选择模式】,选择完毕后,点选【编辑】框中【插入】,重复多次,创建多个不同"领域"。

图 2.57　领域组 1

(2)面片拟合 1

调用【面片拟合】命令,【领域/单元面】选择如图 2.58 所示区域,【分辨率】"U 控制点数"设置为"8"、"V 控制点数"设置为"12"。

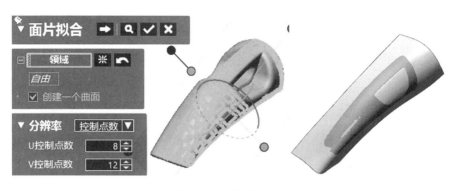

图 2.58　面片拟合 1

（3）面片拟合 2

调用【面片拟合】命令，【领域/单元面】选择如图 2.59 所示区域，【分辨率】"U 控制点数"设置为"4"、"V 控制点数"设置为"8"。

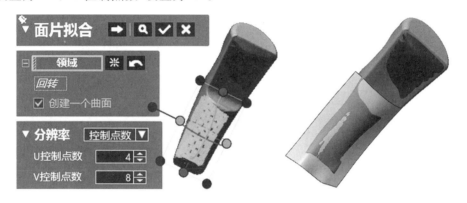

图 2.59　面片拟合 2

（4）草图 1（面片）

调用【面片草图】命令，【基准平面】选择"前平面"，【绘制】栏中选择【直线】【圆角】命令，以系统投影线为基准绘制草图，如图 2.60 所示。

图 2.60　草图 1（面片）

（5）拉伸 1

调用【拉伸】命令，【基准草图】选择"草图 1（面片）"，【方向】中【方法】选择"距离"，【长度】设置为"88.5 mm"，如图 2.61 所示。

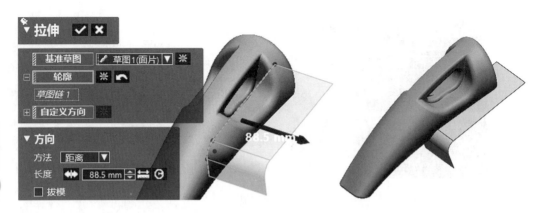

图 2.61　拉伸 1

（6）反转法线方向 1

调用【反转法线】命令，【曲面体】选择"拉伸 1"，翻转"拉伸 1"曲面方向，如图 2.62 所示。

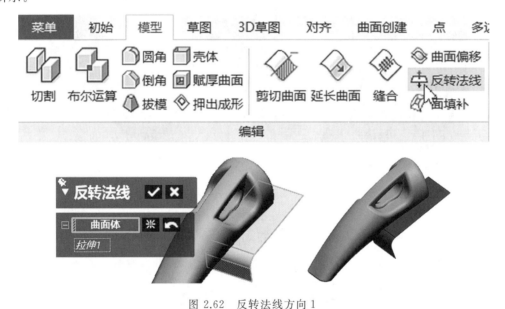

图 2.62　反转法线方向 1

（7）剪切曲面 1

调用【剪切曲面】命令，【工具要素】选择"前平面"，【对象体】选择"面片拟合 1""面片拟合 2"，点击"下一阶段"，【残留体】选择右侧，如图 2.63 所示。

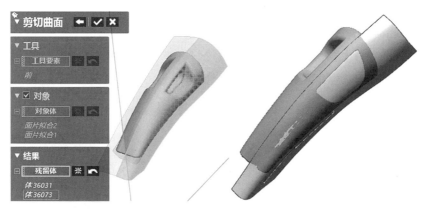

图 2.63　剪切曲面 1

（8）剪切曲面 2

调用【剪切曲面】命令，【工具要素】选择"剪切曲面 1_2"，【对象体】选择"剪切曲面 1_1"，点击"下一阶段"，【残留体】选择内侧，如图 2.64 所示。

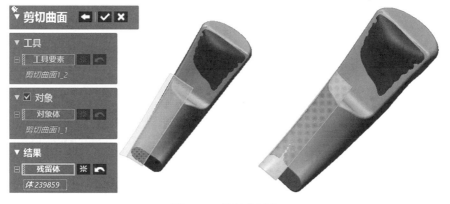

图 2.64　剪切曲面 2

（9）剪切曲面 3

调用【剪切曲面】命令，【工具要素】选择"拉伸 1"，【对象体】选择"剪切曲面 2"，点击"下一阶段"，【残留体】选择下侧，如图 2.65 所示。

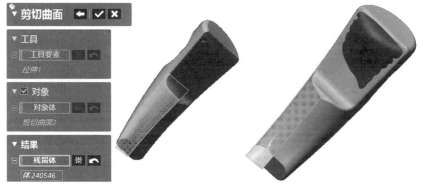

图 2.65　剪切曲面 3

（10）剪切曲面 4

调用【剪切曲面】命令，【工具要素】选择"剪切曲面 1"，【对象体】选择"拉伸 1"，点击"下一阶段"，【残留体】选择内侧，如图 2.66 所示。

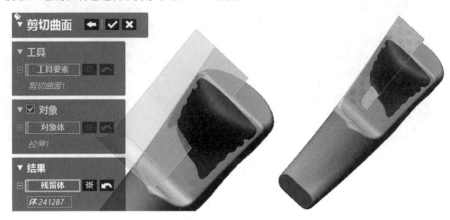

图 2.66　剪切曲面 4

（11）剪切曲面 5

调用【剪切曲面】命令，【工具要素】选择"剪切曲面 3"，【对象体】选择"剪切曲面 4"，点击"下一阶段"，【残留体】选择内侧，如图 2.67 所示。

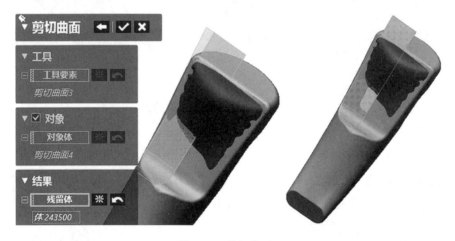

图 2.67　剪切曲面 5

（12）圆角 1（面）

调用【圆角】命令，选择"面圆角"，【圆角要素设置】选择如图 2.68 所示，上部【面】选择"剪切曲面 5"3 个面，下部【面】选择"剪切曲面 3"，【半径】设置为"5 mm"，【选项】选择"切线扩张""剪切 & 合并的结果"。

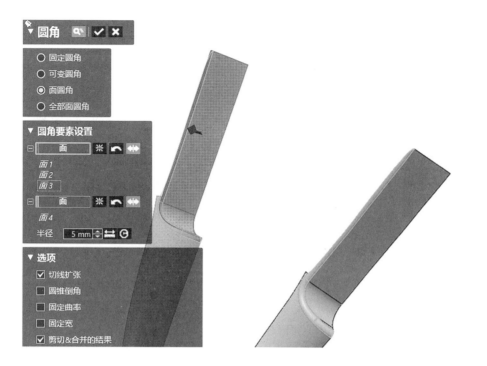

图 2.68　圆角 1(面)

(13)3D 草图 1

调用【3D 草图】命令,【绘制】栏中选择【样条曲线】命令,在"圆角 1(面)"上创建如图 2.69 所示曲线。

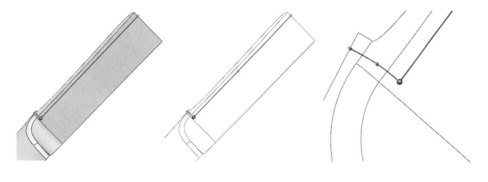

图 2.69　3D 草图 1

(14)剪切曲面 6

调用【剪切曲面】命令,【工具要素】选择"3D 草图 1",【对象体】选择"圆角 1(面)",点击"下一阶段",【残留体】选择内侧,如图 2.70 所示。

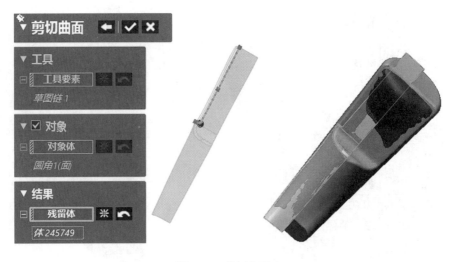

图 2.70　剪切曲面 6

（15）延长曲面 1

调用【延长曲面】命令，【边线/面】选择如图 2.71 所示对应边，【终止条件】选择"距离 25 mm"，【延长方法】选择"同曲面"。

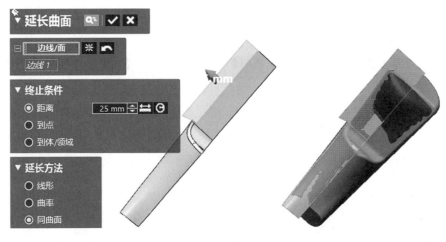

图 2.71　延长曲面 1

（16）剪切曲面 7

调用【剪切曲面】命令，【工具要素】选择"剪切曲面 1"，【对象体】选择"剪切曲面 6"，点击"下一阶段"，【残留体】选择内侧，如图 2.72 所示。

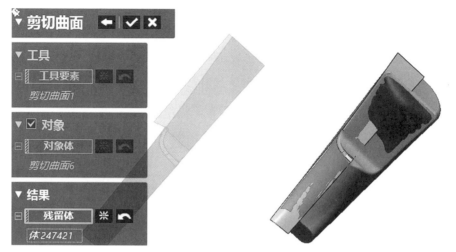

图 2.72　剪切曲面 7

(17)剪切曲面 8

调用【剪切曲面】命令,【工具要素】选择"剪切曲面 7",【对象体】选择"剪切曲面 1",点击"下一阶段",【残留体】选择上侧,如图 2.73 所示。

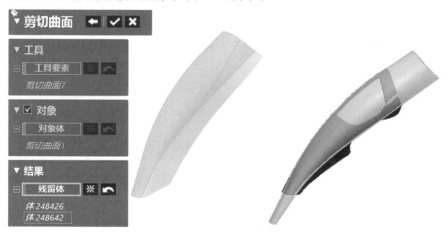

图 2.73　剪切曲面 8

(18)3D 草图 2

调用【3D 草图】命令,【绘制】栏中选择【样条曲线】命令,在"剪切曲面 7""剪切曲面 8"上创建如图 2.74 所示曲线。

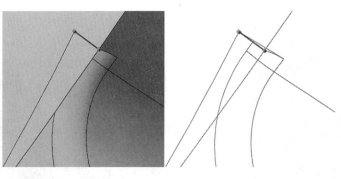

图 2.74　3D 草图 2

（19）剪切曲面 9

调用【剪切曲面】命令，【工具要素】选择"剪切曲面 7""3D 草图 2"，【对象体】选择"剪切曲面 8"，点击"下一阶段"，【残留体】选择外侧，如图 2.75 所示。

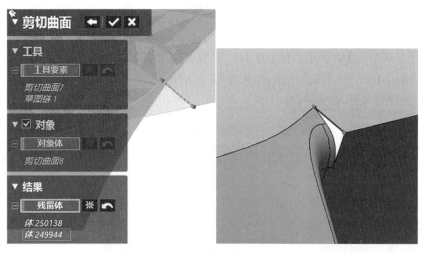

图 2.75　剪切曲面 9

（20）草图 2

调用【草图】命令，【基准平面】选择"前平面"，进入草图界面后，结合"剪切曲面 9"特征，选择【样条曲线】命令，绘制如图 2.76 所示草图。

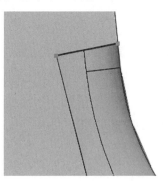

图 2.76　草图 2

(21)拉伸 2

调用【拉伸】命令,【基准草图】选择"草图 2",【方向】中【方法】选择"距离",【长度】设置为"60 mm",如图 2.77 所示。

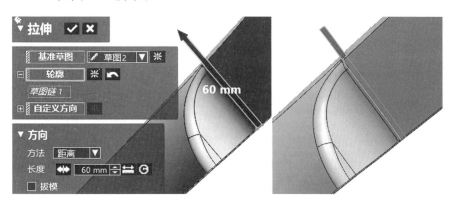

图 2.77　拉伸 2

(22)延长曲面 2

调用【延长曲面】命令,【边线/面】选择如图 2.78 所示对应边,【终止条件】选择"距离 60 mm",【延长方法】选择"同曲面"。

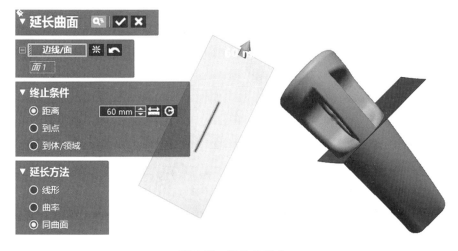

图 2.78　延长曲面 2

(23)分割面 1

调用【分割面】命令,选择"相交",【工具要素】选择"拉伸 2",【对象要素】选择"剪切曲面 9",如图 2.79 所示。

83

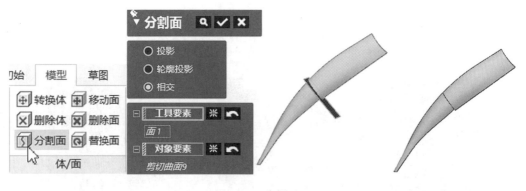

图 2.79　分割面 1

（24）圆角 2（面）

调用【圆角】命令，选择"面圆角"，【圆角要素设置】选择如图 2.80 所示，上部【面】选择"剪切曲面 7"，下部【面】选择"剪切曲面 9"，【半径】"5 mm"，【选项】选择"切线扩张""剪切 & 合并的结果"。

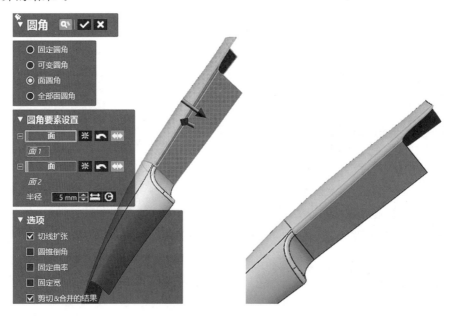

图 2.80　圆角 2（面）

（25）平面曲面 1

调用【基础曲面】命令，【领域】选择如图 2.81 所示区域，【提取形状】选择"平面"，点击"下一阶段"，点击"确定"。

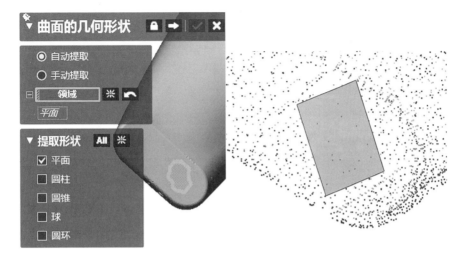

图 2.81   平面曲面 1

(26)延长曲面 3

调用【延长曲面】命令,【边线/面】选择如图 2.82 所示对应边,【终止条件】选择"距离 50 mm",【延长方法】选择"同曲面"。

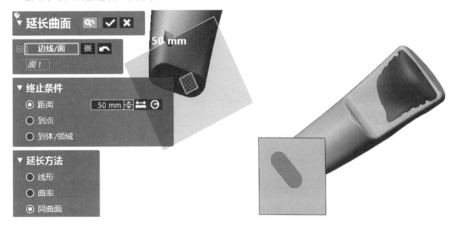

图 2.82   延长曲面 3

(27)剪切曲面 10

调用【剪切曲面】命令,【工具要素】选择"平面曲面 1",【对象体】选择"圆角 2(面)",点击"下一阶段",【残留体】选择上侧,如图 2.83 所示。

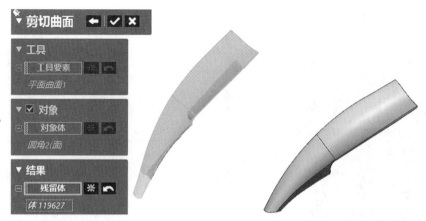

图 2.83　剪切曲面 10

(28)3D 草图 3

调用【3D 草图】命令,【绘制】栏中选择【样条曲线】命令,在"剪切曲面 10"上创建如图 2.84 所示曲线。

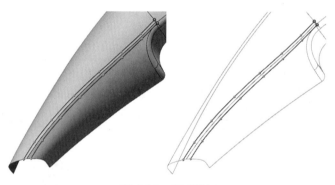

图 2.84　3D 草图 3

(29)剪切曲面 11

调用【剪切曲面】命令,【工具要素】选择"3D 草图 3",【对象体】选择"剪切曲面 10",点击"下一阶段",【残留体】选择外侧,如图 2.85 所示。

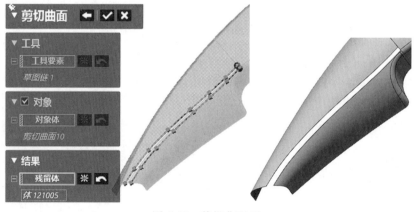

图 2.85　剪切曲面 11

（30）放样1

调用【放样】命令，【轮廓】选择"剪切曲面11"对应边线，【约束条件】均选择"与面相切"，相切面分别选择"剪切曲面11"对应曲面，如图2.86所示。

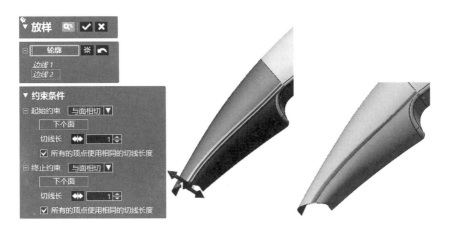

图2.86　放样1

（31）反转法线方向2

调用【反转法线】命令，【曲面体】选择"放样1"，翻转"放样1"曲面方向，如图2.87所示。

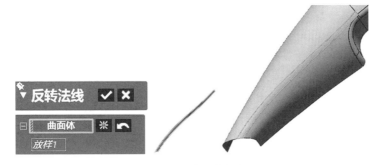

图2.87　反转法线方向2

（32）缝合1

调用【缝合】命令，【曲面体】选择"剪切曲面11""放样1"，如图2.88所示。

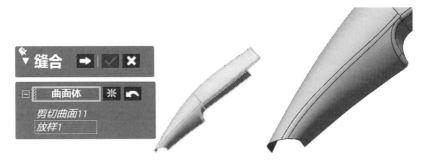

图2.88　缝合1

（33）延长曲面 4

调用【延长曲面】命令,【边线/面】选择如图 2.89 所示对应边,【终止条件】选择"距离 2 mm",【延长方法】选择"同曲面"。

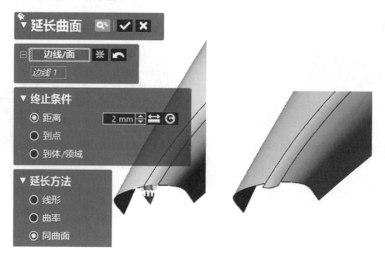

图 2.89　延长曲面 4

（34）剪切曲面 12

调用【剪切曲面】命令,【工具要素】选择"平面曲面 1",【对象体】选择"放样 1",点击"下一阶段",【残留体】选择内侧,如图 2.90 所示。

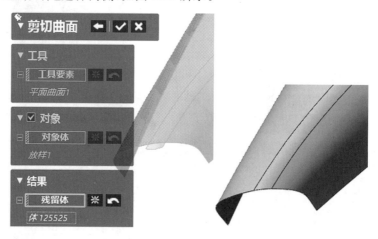

图 2.90　剪切曲面 12

（35）3D 草图 4

调用【3D 草图】命令,【绘制】栏中选择【样条曲线】命令,在"剪切曲面 12"上创建如图 2.91 所示曲线。

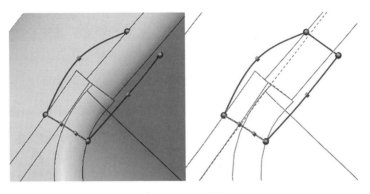

图 2.91　3D 草图 4

（36）剪切曲面 13

调用【剪切曲面】命令，【工具要素】选择"3D 草图 4"，【对象体】选择"剪切曲面 12"，点击"下一阶段"，【残留体】选择外侧，如图 2.92 所示。

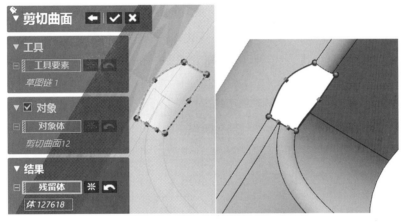

图 2.92　剪切曲面 13

（37）延长曲面 5

调用【延长曲面】命令，【边线/面】选择如图 2.93 所示对应边，【终止条件】选择"距离 3.5 mm"，【延长方法】选择"同曲面"。

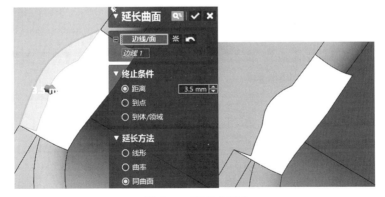

图 2.93　延长曲面 5

（38）延长曲面 6

调用【延长曲面】命令，【边线/面】选择如图 2.94 所示对应边，【终止条件】选择"距离 1 mm"，【延长方法】选择"同曲面"。

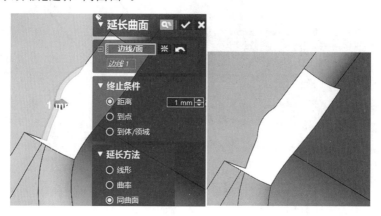

图 2.94　延长曲面 6

（39）延长曲面 7

调用【延长曲面】命令，【边线/面】选择如图 2.95 所示对应边，【终止条件】选择"距离 1 mm"，【延长方法】选择"同曲面"。

图 2.95　延长曲面 7

（40）延长曲面 8

调用【延长曲面】命令，【边线/面】选择如图 2.96 所示对应边，【终止条件】选择"距离 1.5 mm"，【延长方法】选择"同曲面"。

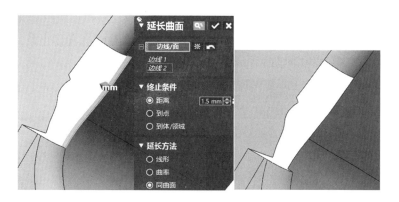

图 2.96　延长曲面 8

(41)3D 草图 5

调用【3D 草图】命令,【绘制】栏中选择【样条曲线】命令,在"剪切曲面 13"上创建如图 2.97 所示曲线。

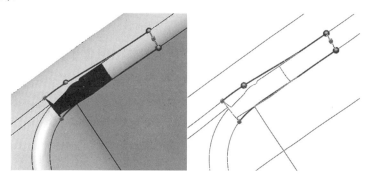

图 2.97　3D 草图 5

(42)延长曲面 9

调用【延长曲面】命令,【边线/面】选择如图 2.98 所示对应边,【终止条件】选择"距离 1.5 mm",【延长方法】选择"同曲面"。

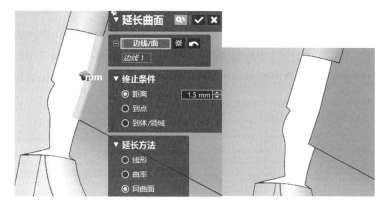

图 2.98　延长曲面 9

(43)延长曲面 10

调用【延长曲面】命令,【边线/面】选择如图 2.99 所示对应边,【终止条件】选择"距离 1.5 mm",【延长方法】选择"同曲面"。

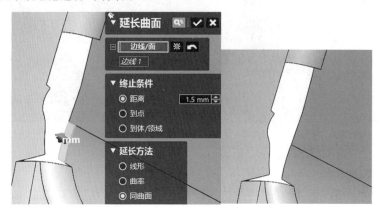

图 2.99　延长曲面 10

(44)剪切曲面 14

调用【剪切曲面】命令,【工具要素】选择"3D 草图 5",【对象体】选择"剪切曲面 13",点击"下一阶段",【残留体】选择外侧,如图 2.100 所示。

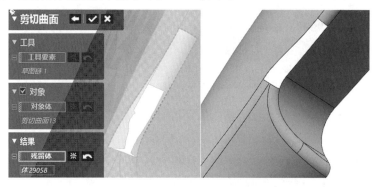

图 2.100　剪切曲面 14

(45)面填补 1

调用【面填补】命令,【边线】选择"剪切曲面 14",如图 2.101 所示中空部分边界线填补空隙,【设置连续性约束条件】选择缺口 8 条边线,【详细设置】选择"合并结果"。

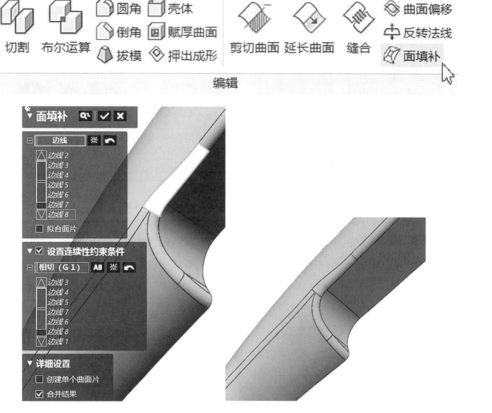

图 2.101　面填补 1

（46）草图 4（面片）

调用【面片草图】命令，【基准平面】选择"前平面"，【绘制】栏中选择【直线】【圆】【圆角】命令，以系统投影线为基准绘制草图，如图 2.102 所示。

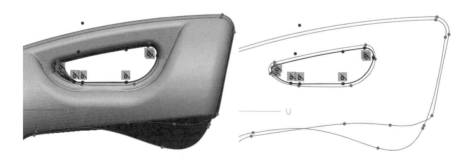

图 2.102　草图 4（面片）

（47）拉伸 3

调用【拉伸】命令，【基准草图】选择"草图 4（面片）"，【方向】中【方法】选择"距离"，【长度】设置为"30 mm",如图 2.103 所示。

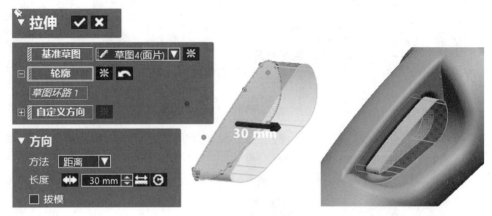

图 2.103　拉伸 3

(48)草图 5(面片)

　　调用【面片草图】命令,【基准平面】选择"前平面",【绘制】栏中选择【直线】【圆】【圆角】命令,以系统投影线为基准绘制草图,如图 2.104 所示。

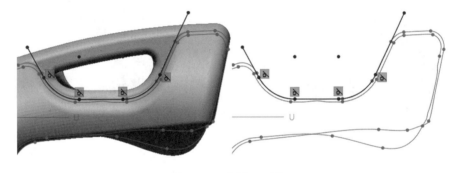

图 2.104　草图 5(面片)

(49)拉伸 4

　　调用【拉伸】命令,【基准草图】选择"草图 5(面片)",【方向】中【方法】选择"距离",【长度】设置为"60 mm",如图 2.105 所示。

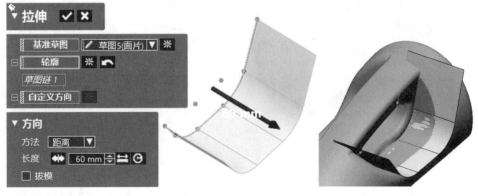

图 2.105　拉伸 4

94

（50）平面曲面2

调用【基础曲面】命令,【领域】选择如图2.106所示区域,【提取形状】选择"平面",点击"下一阶段",点击"确定"。

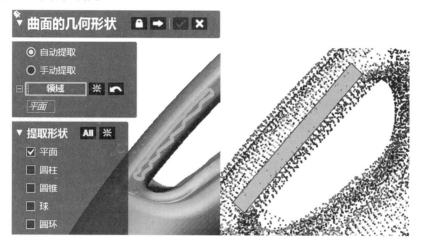

图2.106　平面曲面2

（51）延长曲面11

调用【延长曲面】命令,【边线/面】选择如图2.107所示对应边,【终止条件】选择"距离50 mm",【延长方法】选择"同曲面"。

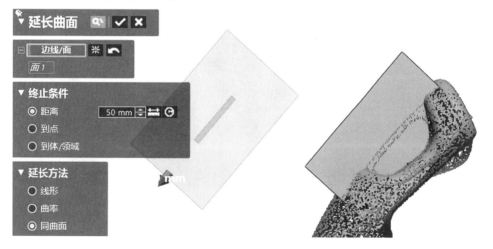

图2.107　延长曲面11

（52）剪切曲面15

调用【剪切曲面】命令,【工具要素】选择"平面曲面2",【对象体】选择"拉伸3""拉伸4",点击"下一阶段",【残留体】选择右侧,如图2.108所示。

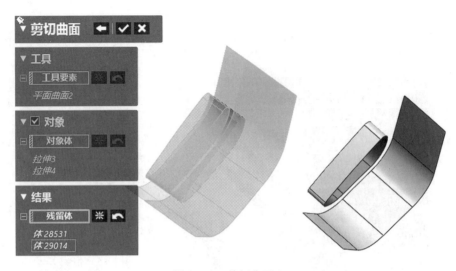

图 2.108　剪切曲面 15

（53）剪切曲面 16

调用【剪切曲面】命令，【工具要素】选择"剪切曲面 15_1""剪切曲面 15_2"，【对象体】选择"平面曲面 2"，点击"下一阶段"，【残留体】选择上侧，如图 2.109 所示。

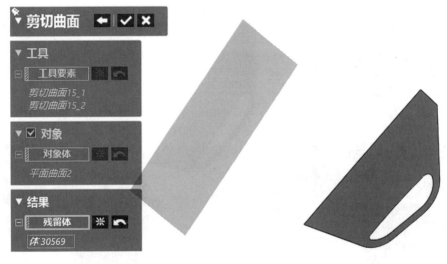

图 2.109　剪切曲面 16

（54）反转法线方向 3

调用【反转法线】命令，【曲面体】选择"剪切曲面 15_1"，翻转"剪切曲面 15_1"曲面方向，如图 2.110 所示。

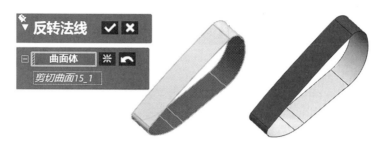

图 2.110　反转法线方向 3

（55）缝合 2

调用【缝合】命令，【曲面体】选择"剪切曲面 15_1""剪切曲面 15_2""剪切曲面 16"，如图 2.111 所示。

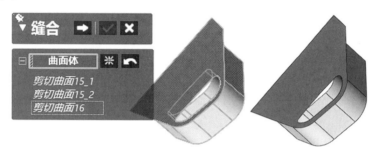

图 2.111　缝合 2

（56）平面 3

调用【平面】命令，【要素】选择"前平面"，【方法】选择"偏移"，【距离】设置为"3 mm"，如图2.112所示。

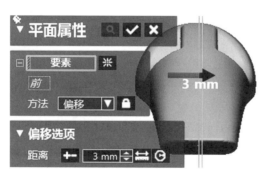

图 2.112　平面 3

（57）剪切曲面 17

调用【剪切曲面】命令，【工具要素】选择"平面 3"，【对象体】选择"面填补 1"，点击"下一阶段"，【残留体】选择右侧，如图 2.113 所示。

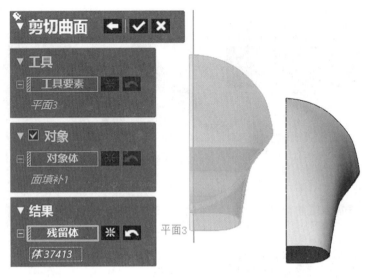

图 2.113　剪切曲面 17

（58）镜像 1

调用【镜像】命令，【体】选择"剪切曲面 17"，【对称平面】选择"前平面"，如图 2.114 所示。

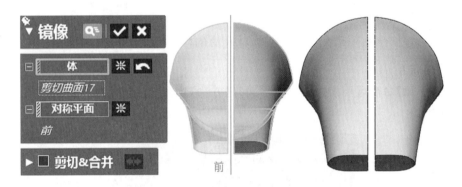

图 2.114　镜像 1

（59）放样 2

调用【放样】命令，【轮廓】选择"剪切曲面 17""镜像 1"对应边线，【约束条件】均选择"与面相切"，相切面分别选择"剪切曲面 17""镜像 1"对应曲面，如图 2.115 所示。

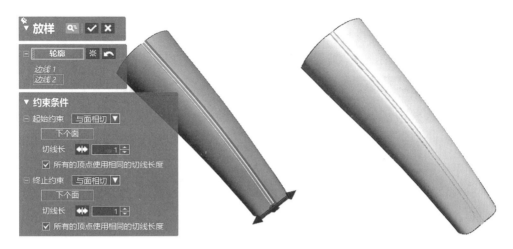

图 2.115　放样 2

（60）反转法线方向 4

调用【反转法线】命令，【曲面体】选择"放样 2"，翻转"放样 2"曲面方向，如图 2.116
所示。

图 2.116　反转法线方向 4

（61）放样 3

调用【放样】命令，【轮廓】选择"剪切曲面 17""镜像 1"对应边线，【约束条件】均选择
"与面相切"，相切面分别选择"剪切曲面 17""镜像 1"对应曲面，如图 2.117 所示。

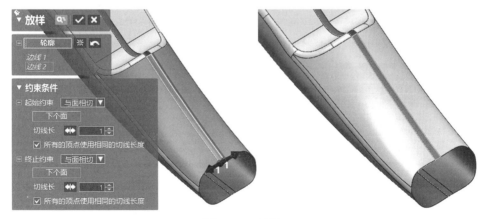

图 2.117　放样 3

（62）放样 4

调用【放样】命令，【轮廓】选择"剪切曲面 17""镜像 1"对应边线，【约束条件】均选择"与面相切"，相切面分别选择"剪切曲面 17""镜像 1"对应曲面，如图 2.118 所示。

图 2.118　放样 4

（63）放样 5

调用【放样】命令，【轮廓】选择"剪切曲面 17""镜像 1"对应边线，【约束条件】均选择"与面相切"，相切面分别选择"剪切曲面 17""镜像 1"对应曲面，如图 2.119 所示。

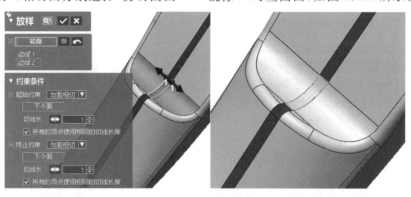

图 2.119　放样 5

（64）放样 6

调用【放样】命令，【轮廓】选择"剪切曲面 17""镜像 1"对应边线，【约束条件】均选择"与面相切"，相切面分别选择"剪切曲面 17""镜像 1"对应曲面，如图 2.120 所示。

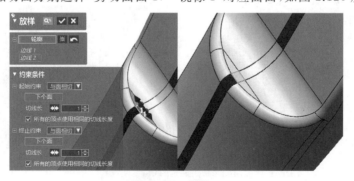

图 2.120　放样 6

（65）缝合 3

调用【缝合】命令，【曲面体】选择"剪切曲面 17""镜像 1""放样 2—放样 6"，如图 2.121 所示。

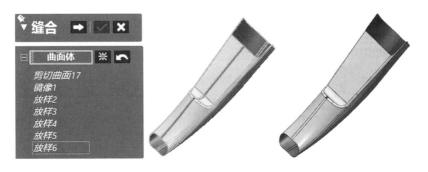

图 2.121　缝合 3

（66）面填补 2

调用【面填补】命令，【边线】选择"缝合 3"如图 2.122 所示中空部分边界线填补空隙，【设置连续性约束条件】选择缺口 4 条边线，【详细设置】选择"合并结果"。

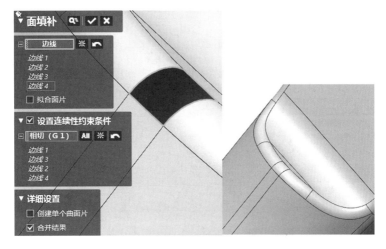

图 2.122　面填补 2

2. 车门把手内圈

（1）剪切曲面 18

调用【剪切曲面】命令，【工具要素】选择"前平面"，【对象体】选择"面填补 2"，点击"下一阶段"，【残留体】选择右侧，如图 2.123 所示。

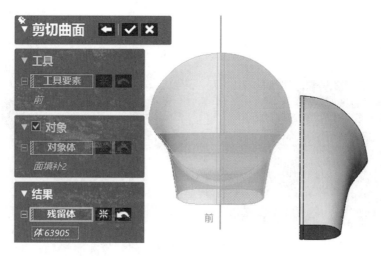

图 2.123　剪切曲面 18

（2）剪切曲面 19

调用【剪切曲面】命令，【工具要素】选择"剪切曲面 16"，【对象体】选择"剪切曲面 18"，点击"下一阶段"，【残留体】选择外侧，如图 2.124 所示。

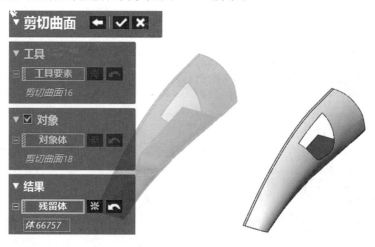

图 2.124　剪切曲面 19

（3）剪切曲面 20

调用【剪切曲面】命令，【工具要素】选择"剪切曲面 19"，【对象体】选择"剪切曲面 16"，点击"下一阶段"，【残留体】选择内侧，如图 2.125 所示。

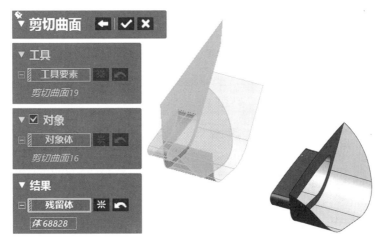

图 2.125　剪切曲面 20

（4）缝合 4

调用【缝合】命令，【曲面体】选择"剪切曲面 19""剪切曲面 20"，如图 2.126 所示。

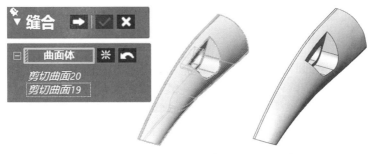

图 2.126　缝合 4

（5）平面曲面 3

调用【基础曲面】命令，【领域】选择如图 2.127 所示区域，【提取形状】选择"平面"，点击"下一阶段"，点击"确定"。

图 2.127　平面曲面 3

（6）延长曲面 12

调用【延长曲面】命令，【边线/面】选择如图 2.128 所示对应边，【终止条件】选择"距离 50 mm"，【延长方法】选择"同曲面"。

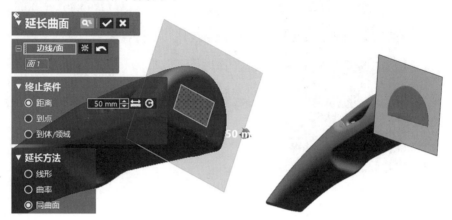

图 2.128　延长曲面 12

（7）镜像 2

调用【镜像】命令，【体】选择"剪切曲面 20"，【对称平面】选择"前平面"，如图 2.129 所示

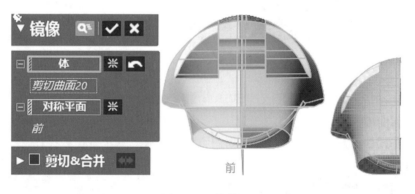

图 2.129　镜像 2

（8）缝合 5

调用【缝合】命令，【曲面体】选择"镜像 2""剪切曲面 20"，如图 2.130 所示。

图 2.130　缝合 5

（9）剪切曲面 21

调用【剪切曲面】命令，【工具要素】选择"平面曲面 3""镜像 2"，【对象体】选择"平面曲面 3""镜像 2"，点击"下一阶段"，【残留体】选择内侧，如图 2.131 所示。

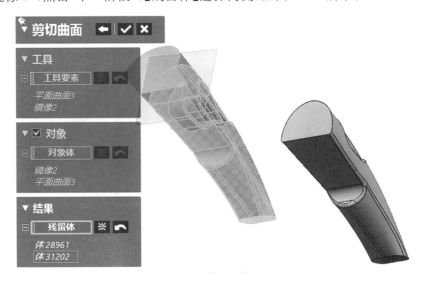

图 2.131　剪切曲面 21

（10）延长曲面 13

调用【延长曲面】命令，【边线/面】选择如图 2.132 所示对应边，【终止条件】选择"距离 50 mm"，【延长方法】选择"同曲面"。

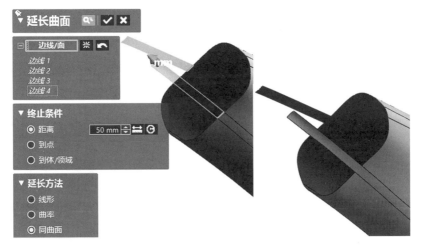

图 2.132　延长曲面 13

（11）剪切曲面 22

调用【剪切曲面】命令，【工具要素】选择"平面曲面 1""剪切曲面 21"，【对象体】选择"平面曲面 1""剪切曲面 21"，点击"下一阶段"，【残留体】选择内侧，如图 2.133 所示。

图 2.133　剪切曲面 22

3. 车门把手壳体

（1）曲面偏移 1

调用【曲面偏移】命令，【面】选择"剪切曲面 22"所有表面，【偏移距离】设置为"2 mm"，方向向"内"，如图 2.134 所示。

图 2.134　曲面偏移 1

（2）缝合 6

调用【缝合】命令，【曲面体】选择"曲面偏移 1"，如图 2.135 所示。

图 2.135　缝合 6

（3）圆角 3（恒定）—圆角 12（恒定）

调用【圆角】命令，选择"固定圆角"，【圆角要素设置】选择如图 2.136 所示，【半径】分别设置为"8 mm""8 mm""3 mm""1 mm""3 mm""8 mm""3 mm""1 mm""3 mm"
"0.4 mm",【选项】选择"切线扩张"。

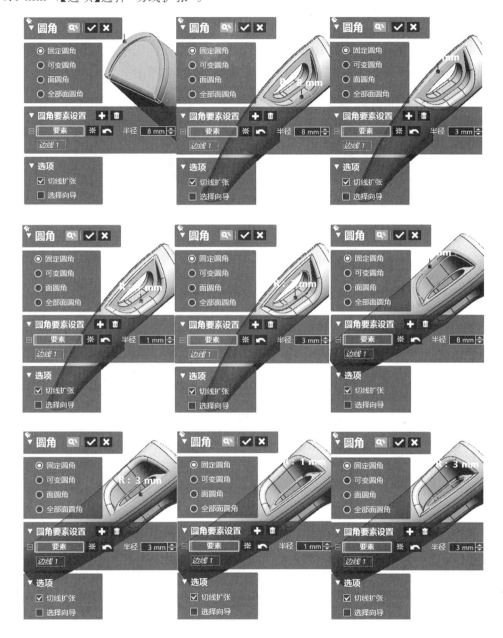

图 2.136　圆角 3(恒定)—圆角 12(恒定)

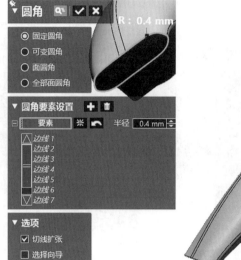
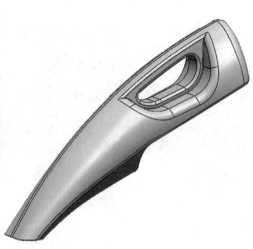

续图 2.136

（4）切割 1

调用【切割】命令，【工具要素】选择"圆角 12（恒定）"，【对象体】选择"剪切曲面 22"，【残留体】选择外侧，如图 2.137 所示。

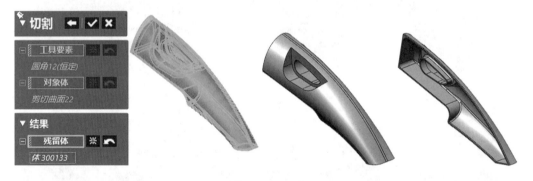

图 2.137　切割 1

（5）圆角 13（恒定）—圆角 21（恒定）

调用【圆角】命令，选择"固定圆角"，【圆角要素设置】选择如图 2.138 所示，【半径】分别设置为"10 mm""5 mm""3 mm""5 mm""2.4 mm""10 mm""5 mm""3 mm""10 mm"，【选项】选择"切线扩张"。

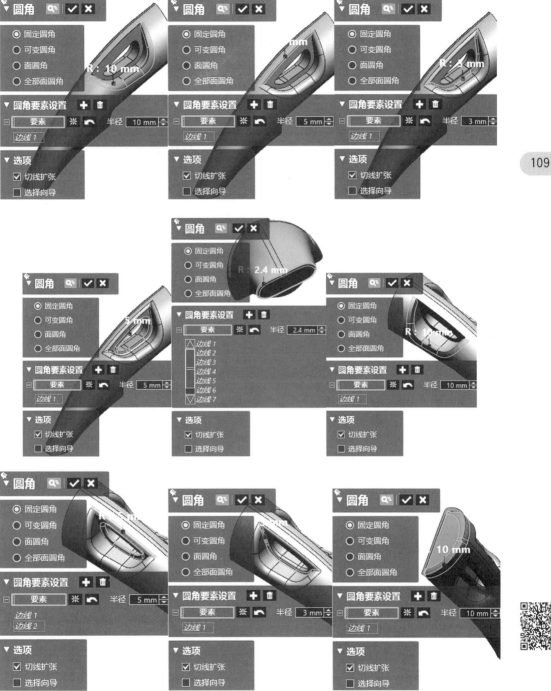

图 2.138 圆角 13(恒定)—圆角 21(恒定)

4. 车门把手【体偏差】检测

选择绘图区上侧工具条【体偏差】命令检测车门把手建模质量,如图 2.139 所示。

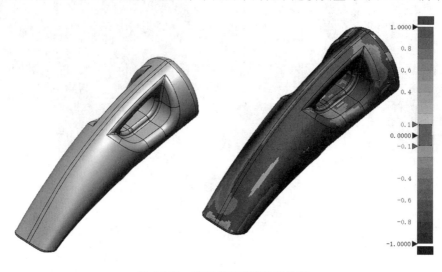

图 2.139　车门把手建模质量检测

素 养 园 地

机械产品设计中的实用美学，是由机械产品本身的实用性和审美性所决定的。机械产品的社会价值由其实用性体现，而其的艺术价值来源于其审美性。对于一个成功的产品来说，二者缺一不可。对机械产品也是一样：忽视其实用性，会影响机械产品的使用，无法满足其基本功能需求；而忽视审美性，不注重外观设计部分，易让产品归于流俗。因此，机械产品设计中，实用美学的概念是完整的，对机械产品设计中的实用美学进行研究也是非常有意义的，并且实用性和审美性对于实用美学来说，二者缺一不可。同时实用美学也是当今时代社会美的重要内容之一。

对于机械美学，最早可以追溯到19世纪。英国著名工艺美术家和作家威廉·莫里斯要求艺术能为大多数人服务，为整个社会服务。艺术要与劳动技能结合，劳动产品同时也应该是艺术作品。1907年，在莫里斯等人的影响下，德国一些工程师和工业设计师创办了"德意志艺术工业联盟"。这个组织在大工业机器生产的基础上把艺术和劳动结合在一起，从提高机械产品的质量，特别是在改进产品外观造型上做出显著成效。从此，德国的工业机械产品在国际市场上畅销，从而促进了世界各国对机械产品造型的重视。

我国最早的有关造型美的著作《考工记》相传是春秋战国时齐国人记载手工业技术的官方书籍，他们在书中提出了"天有时，地有气，材有美，工有巧，合此四者，方可为良。"即审时度势，因材施艺的准则，揭示了美的规律和原理。人类创造了大量的物质文明，从简单、粗糙的器械直至现代化的机械设备，无不以其显示着人类的智慧和才能的无穷威力而步入审美领域。优良的机械产品必须和美的创造结合。反之，没有优异的产品造型，即使拥有先进设备，用优质材料加工技术，也难以达到最大的社会效果和经济效益。

中国是工业设计大国，对外观设计的保护十分重视。2022年初，中国正式加入《海牙协定》，其与《商标马德里协定》和《专利合作条约》共同构成工业产权领域的三大业务体系。

习近平总书记强调，创新是引领发展的第一动力，保护知识产权就是保护创新。设计不仅是美的呈现，更是功能的整合，其生命在于创新。近年来，国家知识产权局不断加大对外观设计的保护力度，赋能高质量发展，积极推进快速协同保护，为权利人提供便捷高效、低成本的维权渠道；加强国际合作力度，深度融入外观设计全球化体系等，让世界看见中国之美，以新的设计，创造新的生活。

项目工卡

任务 1 花洒建模课前预习卡

项目概况

序号	实现命令	命令要素	结果要求
①			□已理解□需详讲
			□已理解□需详讲
			□已理解□需详讲
			□已理解□需详讲
②			□已理解□需详讲
			□已理解□需详讲
			□已理解□需详讲
			□已理解□需详讲
			□已理解□需详讲
			□已理解□需详讲
			□已理解□需详讲
			□已理解□需详讲
			□已理解□需详讲
			□已理解□需详讲
③			□已理解□需详讲
			□已理解□需详讲
			□已理解□需详讲
			□已理解□需详讲
			□已理解□需详讲
			□已理解□需详讲
			□已理解□需详讲
			□已理解□需详讲
			□已理解□需详讲
			□已理解□需详讲
			□已理解□需详讲
④			□已理解□需详讲
			□已理解□需详讲
			□已理解□需详讲
			□已理解□需详讲
			□已理解□需详讲
			□已理解□需详讲
			□已理解□需详讲
			□已理解□需详讲
			□已理解□需详讲

任务1　花洒建模课堂互检卡

评价项目	实现命令	模型完成程度
①		□已完成 □基本完成 □未完成
		□已完成 □基本完成 □未完成
		□已完成 □基本完成 □未完成
		□已完成 □基本完成 □未完成
②		□已完成 □基本完成 □未完成
		□已完成 □基本完成 □未完成
		□已完成 □基本完成 □未完成
		□已完成 □基本完成 □未完成
		□已完成 □基本完成 □未完成
		□已完成 □基本完成 □未完成
		□已完成 □基本完成 □未完成
		□已完成 □基本完成 □未完成
		□已完成 □基本完成 □未完成
		□已完成 □基本完成 □未完成
③		□已完成 □基本完成 □未完成
		□已完成 □基本完成 □未完成
		□已完成 □基本完成 □未完成
		□已完成 □基本完成 □未完成
		□已完成 □基本完成 □未完成
		□已完成 □基本完成 □未完成
④		□已完成 □基本完成 □未完成
		□已完成 □基本完成 □未完成
		□已完成 □基本完成 □未完成
		□已完成 □基本完成 □未完成
		□已完成 □基本完成 □未完成
		□已完成 □基本完成 □未完成
		□已完成 □基本完成 □未完成
		□已完成 □基本完成 □未完成
		□已完成 □基本完成 □未完成
评价等级	A　　　　　B	C　　　　　D

任务 2　车门把手建模课前预习卡

项目概况

序号	实现命令	命令要素	结果要求
①			□已理解□需详讲
			□已理解□需详讲
			□已理解□需详讲
			□已理解□需详讲
②			□已理解□需详讲
			□已理解□需详讲
			□已理解□需详讲
			□已理解□需详讲
			□已理解□需详讲
			□已理解□需详讲
			□已理解□需详讲
			□已理解□需详讲
			□已理解□需详讲
			□已理解□需详讲
③			□已理解□需详讲
			□已理解□需详讲
			□已理解□需详讲
			□已理解□需详讲
			□已理解□需详讲
			□已理解□需详讲
			□已理解□需详讲
			□已理解□需详讲
			□已理解□需详讲
			□已理解□需详讲
④			□已理解□需详讲
			□已理解□需详讲
			□已理解□需详讲
			□已理解□需详讲
			□已理解□需详讲
			□已理解□需详讲
			□已理解□需详讲
			□已理解□需详讲

任务 2　车门把手建模课堂互检卡

项目概况		

评价项目	实现命令	模型完成程度
①		☐已完成 ☐基本完成 ☐未完成
		☐已完成 ☐基本完成 ☐未完成
		☐已完成 ☐基本完成 ☐未完成
		☐已完成 ☐基本完成 ☐未完成
		☐已完成 ☐基本完成 ☐未完成
②		☐已完成 ☐基本完成 ☐未完成
		☐已完成 ☐基本完成 ☐未完成
		☐已完成 ☐基本完成 ☐未完成
		☐已完成 ☐基本完成 ☐未完成
		☐已完成 ☐基本完成 ☐未完成
		☐已完成 ☐基本完成 ☐未完成
		☐已完成 ☐基本完成 ☐未完成
		☐已完成 ☐基本完成 ☐未完成
		☐已完成 ☐基本完成 ☐未完成
③		☐已完成 ☐基本完成 ☐未完成
		☐已完成 ☐基本完成 ☐未完成
		☐已完成 ☐基本完成 ☐未完成
		☐已完成 ☐基本完成 ☐未完成
		☐已完成 ☐基本完成 ☐未完成
		☐已完成 ☐基本完成 ☐未完成
		☐已完成 ☐基本完成 ☐未完成
		☐已完成 ☐基本完成 ☐未完成
		☐已完成 ☐基本完成 ☐未完成
④		☐已完成 ☐基本完成 ☐未完成
		☐已完成 ☐基本完成 ☐未完成
		☐已完成 ☐基本完成 ☐未完成
		☐已完成 ☐基本完成 ☐未完成
		☐已完成 ☐基本完成 ☐未完成
		☐已完成 ☐基本完成 ☐未完成
		☐已完成 ☐基本完成 ☐未完成
		☐已完成 ☐基本完成 ☐未完成
		☐已完成 ☐基本完成 ☐未完成

评价等级	A	B	C	D

115

项目 3　摩托车挡板与自行车把手的建模

任务 3.1　摩托车挡板建模

（1）根据建模过程掌握摩托车挡板零件逆向建模的思路与方法

（2）熟悉知识链接中包含的建模命令

根据图 3.1 建模过程完成摩托车挡板零件的逆向建模，文件名为 ∗ :\实例文件\零件图档\摩托车挡板.xrl。

图 3.1　摩托车挡板建模过程

（1）【领域】—【插入】

（2）【草图】—【面片草图】

（3）【模型】—【创建曲面】—【拉伸】

（4）【模型】—【创建曲面】—【扫描】

（5）【模型】—【编辑】—【反转法线】

（6）【模型】—【向导】—【面片拟合】

（7）【模型】—【编辑】—【剪切曲面】

（8）【模型】—【编辑】—【圆角】

（9）【模型】—【创建曲面】—【基础曲面】

（10）【模型】—【编辑】—【延长曲面】

（11）【3D 草图】—【3D 草图】

（12）【模型】—【编辑】—【曲面偏移】

（13）【模型】—【创建曲面】—【放样】

（14）【模型】—【编辑】—【缝合】

（15）【模型】—【体/面】—【删除面】

（16）【模型】—【体/面】—【分割面】

（17）【模型】—【编辑】—【面填补】

（18）【模型】—【参考几何图形】—【平面】

（19）【模型】—【阵列】—【镜像】

（20）【模型】—【编辑】—【赋厚曲面】

建模过程

117

1. 摩托车挡板主体

（1）领域组 1

调用【领域】命令，选择如图 3.2 所示特征区域，选择命令使用【画笔选择模式】，选择完毕后，点选【编辑】框中【插入】，重复多次，创建多个不同"领域"。

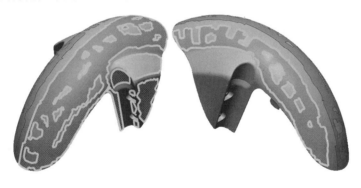

图 3.2　领域组 1

（2）草图 1（面片）

调用【面片草图】命令，【基准平面】选择"上平面"，【绘制】栏中选择【直线】【中心点圆弧】命令，以系统投影线为基准绘制草图，如图 3.3 所示。

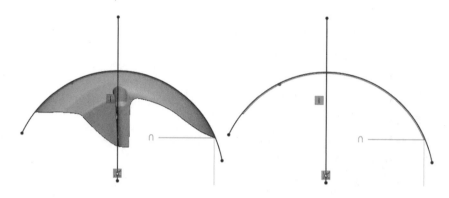

图 3.3　草图 1(面片)

(3)拉伸 1

调用【拉伸】命令,【基准草图】选择"草图 1(面片)",【方向】中【方法】选择"距离",【长度】设置为"125 mm",如图 3.4 所示。

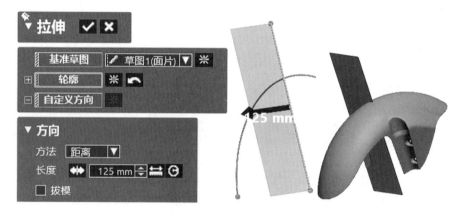

图 3.4　拉伸 1

(4)草图 2(面片)

调用【面片草图】命令,【基准平面】选择"拉伸 1 平面",【绘制】栏中选择【中心点圆弧】命令,以系统投影线为基准绘制草图,如图 3.5 所示。

图 3.5　草图 2(面片)

(5)扫描 1

调用【扫描】命令,【轮廓】选择"草图 2(面片)",【路径】选择"草图 1(面片)"圆弧段,【方法】选择"沿路径",【选项】选择"沿着扫描路径改善曲率",如图 3.6 所示。

图 3.6　扫描 1

（6）反转法线方向 1

调用【反转法线】命令，【曲面体】选择"扫描 1"，翻转"扫描 1"曲面方向，如图 3.7
所示。

图 3.7　反转法线方向 1

2. 摩托车挡板装配位

（1）面片拟合 1

调用【面片拟合】命令，【领域/单元面】选择如图 3.8 所示区域，【分辨率】"U 控制点
数"设置为"8"、"V 控制点数"设置为"6"。

119

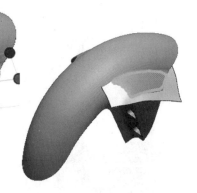

图 3.8　面片拟合 1

（2）面片拟合 2

调用【面片拟合】命令，【领域/单元面】选择如图 3.9 所示区域，【分辨率】"U 控制点数"设为"8"、"V 控制点数"设为"6"。

120

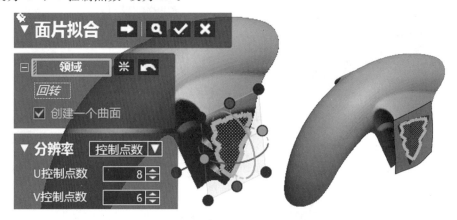

图 3.9　面片拟合 2

（3）剪切曲面 1

调用【剪切曲面】命令，【工具要素】选择"面片拟合 1""面片拟合 2"，【对象体】选择"面片拟合 1""面片拟合 2"，点击"下一阶段"，【残留体】选择内侧，如图 3.10 所示。

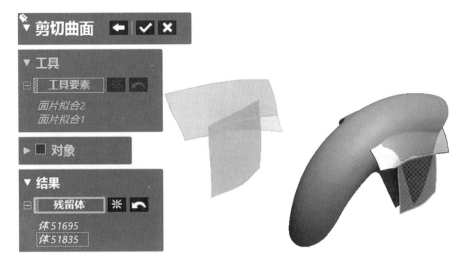

图 3.10　剪切曲面 1

（4）圆角 1（恒定）

调用【圆角】命令，选择"固定圆角"，【圆角要素设置】选择如图 3.11 所示，【半径】设置为"12 mm"，【选项】选择"切线扩张"。

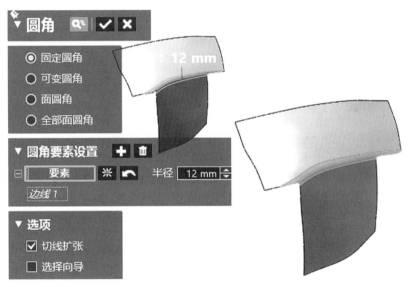

图 3.11　圆角 1（恒定）

（5）圆柱曲面 1

调用【基础曲面】命令，【领域】选择如图 3.12 所示区域，【提取形状】选择"圆柱"，点击"下一阶段"，点击"确定"。

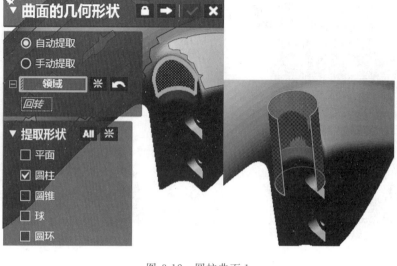

图 3.12　圆柱曲面 1

122

（6）面片拟合 3

调用【面片拟合】命令，【领域/单元面】选择如图 3.13 所示区域，【分辨率】"U 控制点数"设置为"8"、"V 控制点数"设置为"6"。

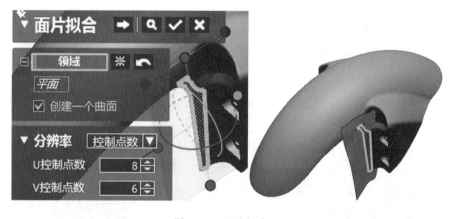

图 3.13　面片拟合 3

（7）平面曲面 1

调用【基础曲面】命令，【领域】选择如图 3.14 所示区域，【提取形状】选择"平面"，点击"下一阶段"，点击"确定"。

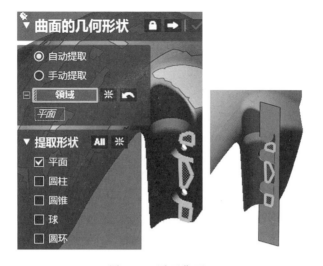

图 3.14　平面曲面 1

123

(8)延长曲面 1

调用【延长曲面】命令,【边线/面】选择如图 3.15 所示对应边,【终止条件】选择"距离 10 mm",【延长方法】选择"线形"。

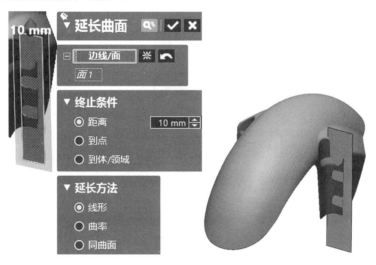

图 3.15　延长曲面 1

(9)剪切曲面 2

调用【剪切曲面】命令,【工具要素】选择"面片拟合 3""平面曲面 1",【对象体】选择"面片拟合 3""平面曲面 1",点击"下一阶段",【残留体】选择左侧,如图 3.16 所示。

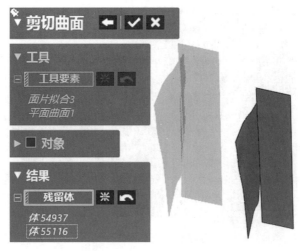

图 3.16 剪切曲面 2

124

(10)圆角 2(恒定)

调用【圆角】命令,选择"固定圆角",【圆角要素设置】选择如图 3.17 所示,【半径】设置为"16 mm",【选项】选择"切线扩张"。

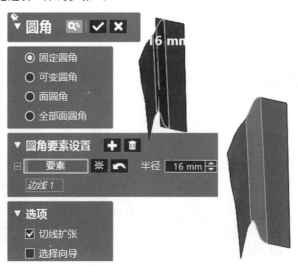

图 3.17 圆角 2(恒定)

(11)3D 草图 1

调用【3D 草图】命令,【绘制】栏中选择【样条曲线】命令,结合装配位形状,在"圆角 2 (恒定)"上创建如图 3.18 所示曲线。

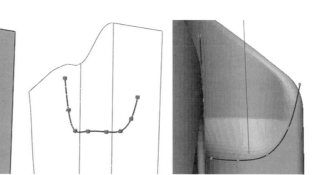

图 3.18　3D 草图 1

（12）剪切曲面 3

调用【剪切曲面】命令,【工具要素】选择"圆角 2(恒定)",【对象体】选择"圆柱曲面 1",点击"下一阶段",【残留体】选择左侧,如图 3.19 所示。

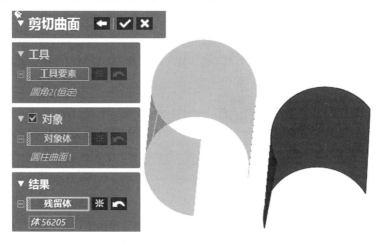

图 3.19　剪切曲面 3

（13）草图 5

调用【草图】命令,【基准平面】选择"上平面",进入草图界面后,结合装配位曲面特征,选择【直线】命令,绘制如图 3.20 所示草图。

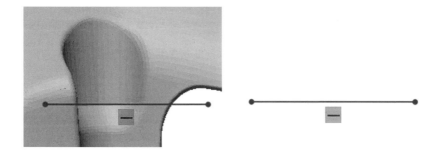

图 3.20　草图 5

（14）拉伸 2

调用【拉伸】命令，【基准草图】选择"草图 5"，【方向】中【方法】选择"距离"，【长度】设置为"125 mm"，如图 3.21 所示。

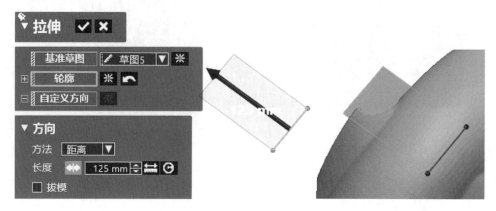

图 3.21 拉伸 2

（15）剪切曲面 4

调用【剪切曲面】命令，【工具要素】选择"圆角 2(恒定)"，【对象体】选择"扫描 1"，点击"下一阶段"，【残留体】选择内侧，如图 3.22 所示。

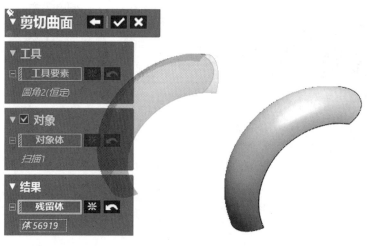

图 3.22 剪切曲面 4

（16）3D 草图 2

调用【3D 草图】命令，【绘制】栏中选择【样条曲线】命令，在"圆角 2(恒定)""剪切曲面 4"上创建如图 3.23 所示曲线。

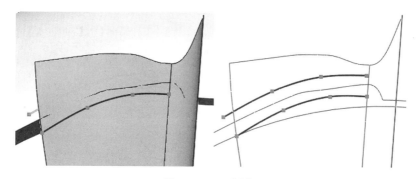

图 3.23　3D 草图 2

(17)剪切曲面 5

调用【剪切曲面】命令,【工具要素】选择"3D 草图 2"上部曲线,【对象体】选择"剪切曲面 4",点击"下一阶段",【残留体】选择左侧,如图 3.24 所示。

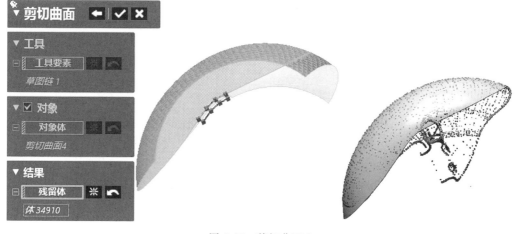

图 3.24　剪切曲面 5

(18)曲面偏移 1

调用【曲面偏移】命令,【面】选择"圆角 2(恒定)"对应曲面,【偏移距离】设置为"0 mm",【详细设置】选择"删除原始面",如图 3.25 所示。

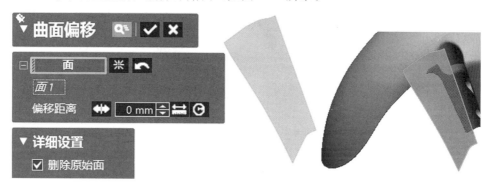

图 3.25　曲面偏移 1

127

（19）剪切曲面 6

调用【剪切曲面】命令，【工具要素】选择"3D 草图 2"下部曲线，【对象体】选择"曲面偏移 1"，点击"下一阶段"，【残留体】选择下侧，如图 3.26 所示。

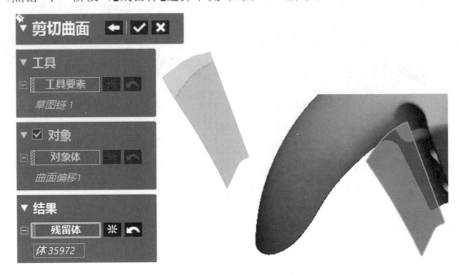

图 3.26　剪切曲面 6

（20）放样 1

调用【放样】命令，【轮廓】选择"剪切曲面 5""剪切曲面 6"对应边线，【约束条件】均选择"与面相切"，相切面分别选择"剪切曲面 5""剪切曲面 6"，如图 3.27 所示。

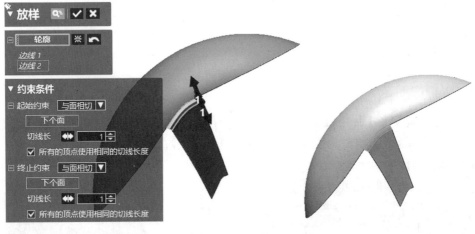

图 3.27　放样 1

（21）延长曲面 2

调用【延长曲面】命令，【边线/面】选择如图 3.28 所示对应边，【终止条件】选择"距离 30 mm"，【延长方法】选择"线形"。

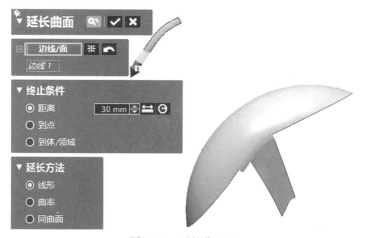

图 3.28　延长曲面 2

（22）缝合 1

调用【缝合】命令，【曲面体】选择"放样 1""剪切曲面 5""剪切曲面 6""圆角 2（恒定）"，如图 3.29 所示。

129

图 3.29　缝合 1

（23）剪切曲面 7

调用【剪切曲面】命令，【工具要素】选择"剪切曲面 3""拉伸 2"，【对象体】选择"剪切曲面 3""拉伸 2"，点击"下一阶段"，【残留体】选择内侧，如图 3.30 所示。

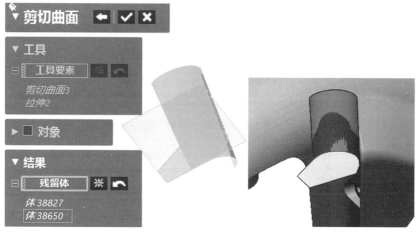

图 3.30　剪切曲面 7

(24)剪切曲面 8

调用【剪切曲面】命令,【工具要素】选择"剪切曲面 7",【对象体】选择"放样 1",点击"下一阶段",【残留体】选择内侧,如图 3.31 所示。

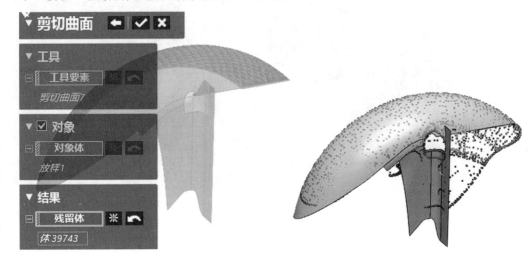

图 3.31　剪切曲面 8

(25)删除面 1

调用【删除面】命令,选择"删除",【面】选择如图 3.32 所示瑕疵面。

图 3.32　删除面 1

(26)3D 草图 3

调用【3D 草图】命令,【绘制】栏中选择【样条曲线】命令,结合装配位形状,在"剪切曲面 7""剪切曲面 8"上创建如图 3.33 所示曲线。

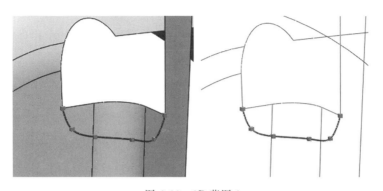

图 3.33　3D 草图 3

（27）剪切曲面 9

调用【剪切曲面】命令，【工具要素】选择"3D 草图 3"，【对象体】选择"剪切曲面 8"，点击"下一阶段"，【残留体】选择外侧，如图 3.34 所示。

131

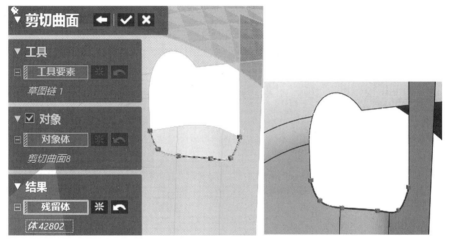

图 3.34　剪切曲面 9

（28）放样 2

调用【放样】命令，【轮廓】选择"剪切曲面 7""剪切曲面 9"对应边线，如图 3.35 所示。

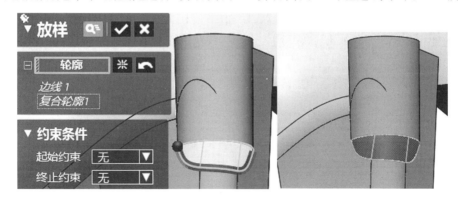

图 3.35　放样 2

（29）缝合 2

调用【缝合】命令,【曲面体】选择"放样 2""剪切曲面 7""剪切曲面 9",如图 3.36 所示。

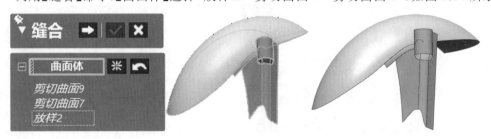

图 3.36　缝合 2

（30）曲面偏移 2

调用【曲面偏移】命令,【面】选择"放样 2"对应曲面,【偏移距离】设置为"0 mm",【详细设置】选择"删除原始面",如图 3.37 所示。

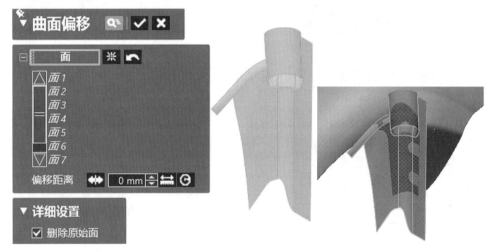

图 3.37　曲面偏移 2

（31）剪切曲面 10

调用【剪切曲面】命令,【工具要素】选择"曲面偏移 2""圆角 1(恒定)",【对象体】选择"曲面偏移 2""圆角 1(恒定)",点击"下一阶段",【残留体】选择内侧,如图 3.38 所示。

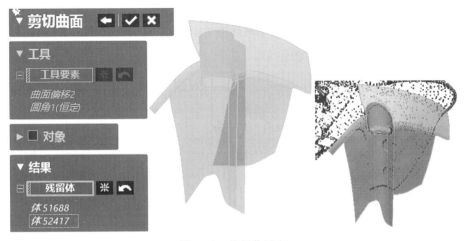

图 3.38　剪切曲面 10

（32）圆角 3（恒定）—圆角 5（恒定）

调用【圆角】命令，选择"固定圆角"，【圆角要素设置】选择如图 3.39 所示，【半径】分别设置为"10 mm""10 mm""5 mm"，【选项】选择"切线扩张"。

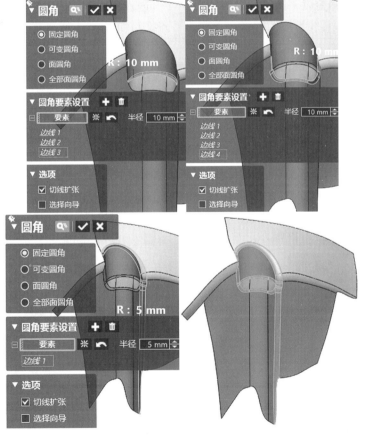

图 3.39　圆角 3（恒定）—圆角 5（恒定）

（33）延长曲面 3

调用【延长曲面】命令，【边线/面】选择如图 3.40 所示对应边，【终止条件】选择"距离 51.5 mm"，【延长方法】选择"线形"。

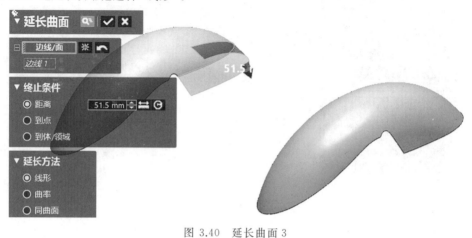

图 3.40　延长曲面 3

（34）草图 6

调用【草图】命令，【基准平面】选择"前平面"，进入草图界面后，结合装配位曲面特征，选择【直线】命令，直线与最低的固定平台面平齐绘制如图 3.41 所示草图。

图 3.41　草图 6

（35）拉伸 3

调用【拉伸】命令，【基准草图】选择"草图 6"，【方向】中【方法】选择"距离"，【长度】设置为"275 mm"，如图 3.42 所示。

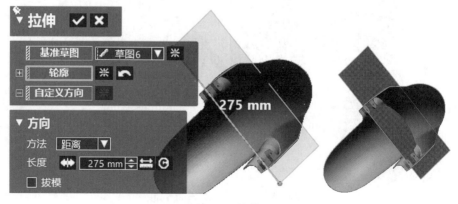

图 3.42　拉伸 3

（36）分割面 1

调用【分割面】命令，选择"相交"，【工具要素】选择"拉伸 3"，【对象要素】选择"圆角 5（恒定）"对应曲面，如图 3.43 所示。

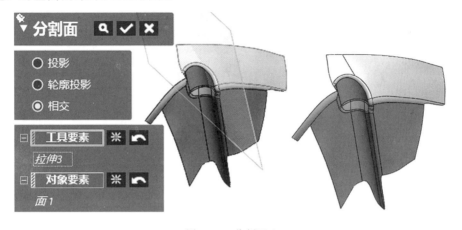

图 3.43　分割面 1

（37）分割面 2

调用【分割面】命令，选择"相交"，【工具要素】选择"拉伸 3"，【对象要素】选择"放样 2"对应曲面，如图 3.44 所示。

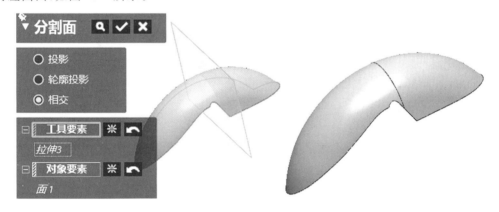

图 3.44　分割面 2

（38）曲面偏移 3

调用【曲面偏移】命令，【面】选择"放样 2""圆角 5（恒定）"对应曲面，【偏移距离】设置为"0 mm"，【详细设置】选择"删除原始面"，如图 3.45 所示。

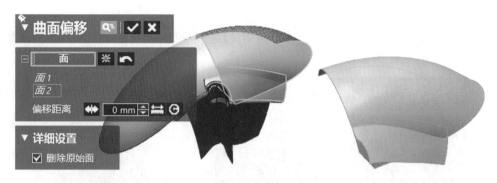

图 3.45　曲面偏移 3

(39)剪切曲面 11

调用【剪切曲面】命令,【工具要素】选择"曲面偏移 3_1""曲面偏移 3_2",【对象体】选择"曲面偏移 3_1""曲面偏移 3_2",点击"下一阶段",【残留体】选择上侧,如图 3.46 所示。

136

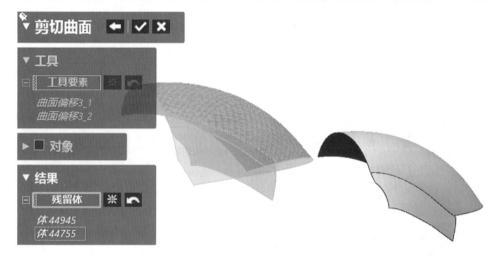

图 3.46　剪切曲面 11

(40)圆角 6(恒定)

调用【圆角】命令,选择"固定圆角",【圆角要素设置】选择如图 3.47 所示,【半径】设置为"20 mm",【选项】选择"切线扩张"。

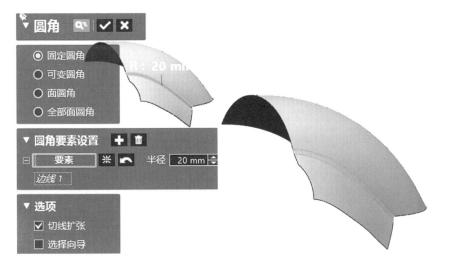

图 3.47　圆角 6（恒定）

（41）缝合 3

调用【缝合】命令，【曲面体】选择"放样 2""圆角 5（恒定）""圆角 6（恒定）"，如图3.48所示。

图 3.48　缝合 3

（42）曲面偏移 4

调用【曲面偏移】命令，【面】选择"圆角 6（恒定）"对应曲面，【偏移距离】设置为"0 mm"，【详细设置】选择"删除原始面"，如图 3.49 所示。

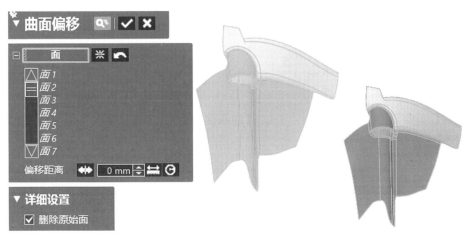

图 3.49　曲面偏移 4

(43)3D 草图 4

调用【3D 草图】命令,【绘制】栏中选择【样条曲线】命令,结合装配位形状,在"剪切曲面 11"上创建如图 3.50 所示曲线。

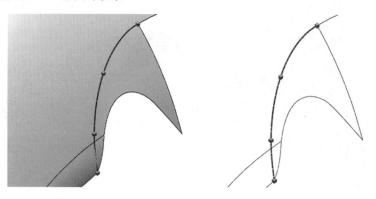

图 3.50　3D 草图 4

(44)剪切曲面 12

调用【剪切曲面】命令,【工具要素】选择"3D 草图 4",【对象体】选择"剪切曲面 11",点击"下一阶段",【残留体】选择内侧,如图 3.51 所示。

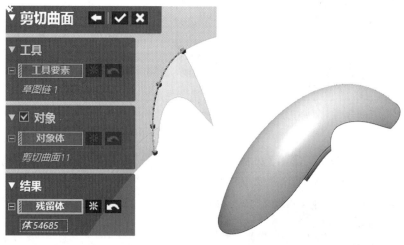

图 3.51　剪切曲面 12

(45)3D 草图 5

调用【3D 草图】命令,【绘制】栏中选择【样条曲线】命令,结合装配位形状,在"曲面偏移 4"上创建如图 3.52 所示曲线。

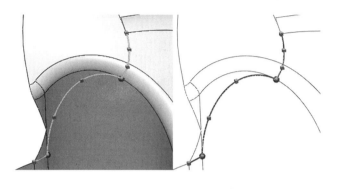

图 3.52　3D 草图 5

(46)剪切曲面 13

调用【剪切曲面】命令,【工具要素】选择"3D 草图 5",【对象体】选择"曲面偏移 4",点击"下一阶段",【残留体】选择下侧,如图 3.53 所示。

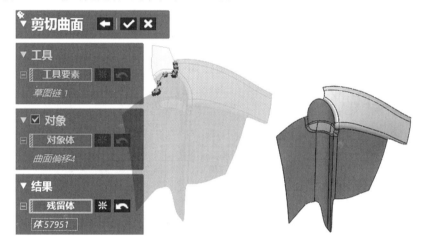

图 3.53　剪切曲面 13

(47)缝合 4

调用【缝合】命令,【曲面体】选择"剪切曲面 12""剪切曲面 13",如图 3.54 所示。

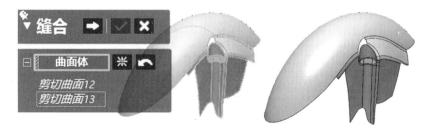

图 3.54　缝合 4

(48)面填补 1

调用【面填补】命令,【边线】选择"缝合 4"如图 3.55 所示中空部分边界线填补空隙,

【设置连续性约束条件】选择缺口边线,【详细设置】选择"合并结果"。

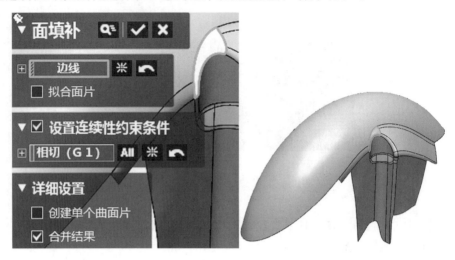

图 3.55　面填补 1

(49)删除面 2

调用【删除面】命令,选择"删除",【面】选择如图 3.56 所示瑕疵面。

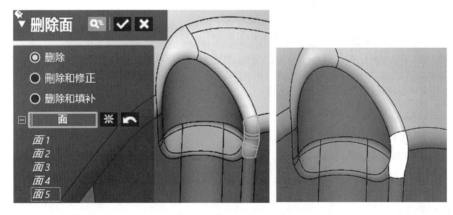

图 3.56　删除面 2

(50)延长曲面 4

调用【延长曲面】命令,【边线/面】选择如图 3.57 所示对应边,【终止条件】选择"距离 5 mm",【延长方法】选择"线形"。

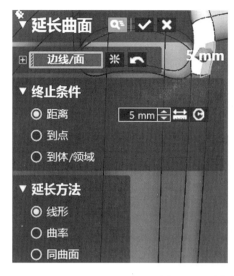
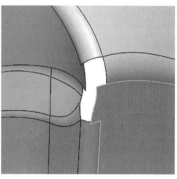

图 3.57　延长曲面 4

（51）延长曲面 5

调用【延长曲面】命令，【边线/面】选择如图 3.58 所示对应边，【终止条件】选择"距离 3 mm"，【延长方法】选择"线形"。

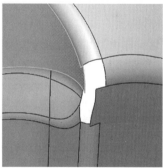

图 3.58　延长曲面 5

（52）曲面偏移 5

调用【曲面偏移】命令，【面】选择"曲面偏移 4"对应曲面，【偏移距离】设置为"0 mm"，【详细设置】选择"删除原始面"，如图 3.59 所示。

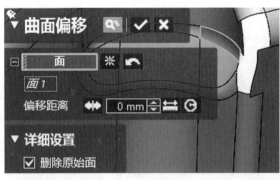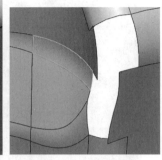

图 3.59　曲面偏移 5

（53）曲面偏移 6

调用【曲面偏移】命令，【面】选择"曲面偏移 4"对应曲面，【偏移距离】设置为"0 mm"，【详细设置】选择"删除原始面"，如图 3.60 所示。

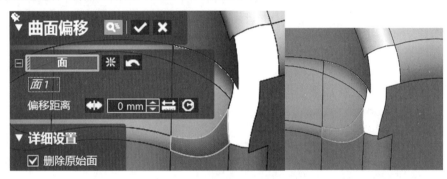

图 3.60　曲面偏移 6

（54）延长曲面 6

调用【延长曲面】命令，【边线/面】选择如图 3.61 所示对应边，【终止条件】选择"距离 3 mm"，【延长方法】选择"同曲面"。

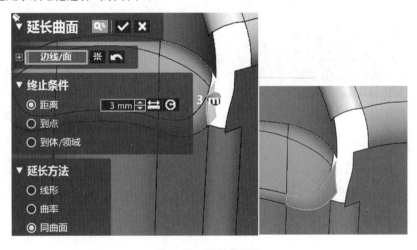

图 3.61　延长曲面 6

（55）延长曲面 7

调用【延长曲面】命令，【边线/面】选择如图 3.62 所示对应边，【终止条件】选择"距离 3 mm"，【延长方法】选择"同曲面"。

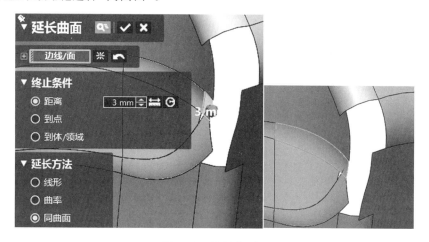

图 3.62　延长曲面 7

（56）延长曲面 8

调用【延长曲面】命令，【边线/面】选择如图 3.63 所示对应边，【终止条件】选择"距离 1 mm"，【延长方法】选择"同曲面"。

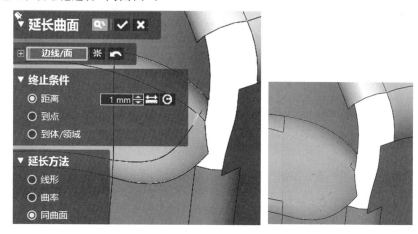

图 3.63　延长曲面 8

（57）3D 草图 6

调用【3D 草图】命令，【绘制】栏中选择【样条曲线】命令，在"曲面偏移 4"上创建如图 3.64 所示曲线。

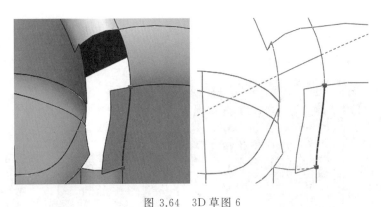

图 3.64　3D 草图 6

(58)剪切曲面 14

调用【剪切曲面】命令,【工具要素】选择"3D 草图 6",【对象体】选择"面填补 1",点击"下一阶段",【残留体】选择外侧,如图 3.65 所示。

144

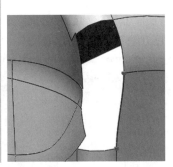

图 3.65　剪切曲面 14

(59)3D 草图 7

调用【3D 草图】命令,【绘制】栏中选择【样条曲线】命令,结合装配位形状,在"曲面偏移 4"上创建如图 3.66 所示曲线。

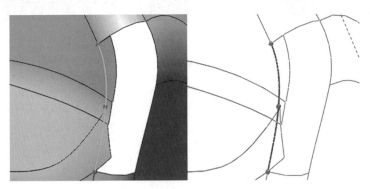

图 3.66　3D 草图 7

(60)剪切曲面 15

调用【剪切曲面】命令,【工具要素】选择"3D草图7",【对象体】选择"剪切曲面14""曲面偏移5""曲面偏移6",点击"下一阶段",【残留体】选择外侧,如图3.67所示。

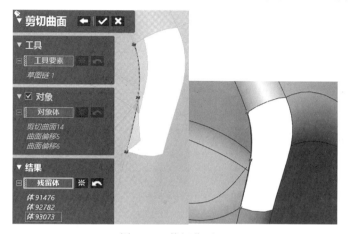

图3.67　剪切曲面15

(61)曲面偏移 7

调用【曲面偏移】命令,【面】选择"曲面偏移6"对应曲面,【偏移距离】设置为"0 mm",【详细设置】选择"删除原始面",如图3.68所示。

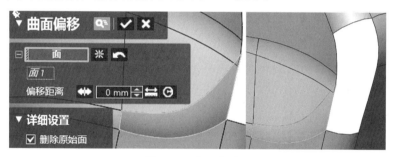

图3.68　曲面偏移7

(62)3D草图 8

调用【3D草图】命令,【绘制】栏中选择【样条曲线】命令,结合装配位形状,在"曲面偏移4""曲面偏移7"上创建如图3.69所示曲线。

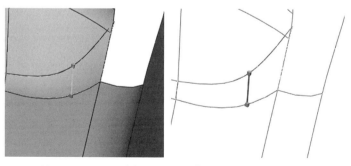

图3.69　3D草图8

(63)剪切曲面 16

调用【剪切曲面】命令,【工具要素】选择"3D 草图 8",【对象体】选择"曲面偏移 7",点击"下一阶段",【残留体】选择左侧,如图 3.70 所示。

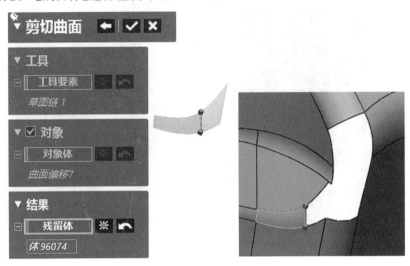

图 3.70　剪切曲面 16

(64)3D 草图 9

调用【3D 草图】命令,【绘制】栏中选择【样条曲线】命令,在"曲面偏移 4""曲面偏移 5"上创建如图 3.71 所示曲线。

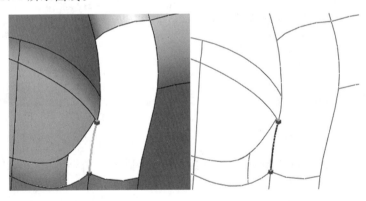

图 3.71　3D 草图 9

(65)缝合 5

调用【缝合】命令,【曲面体】选择"剪切曲面 15""剪切曲面 16",如图 3.72 所示。

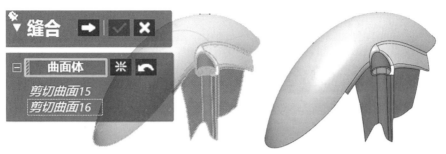

图 3.72　缝合 5

（66）面填补 2

调用【面填补】命令，【边线】选择"缝合 5"如图 3.73 所示中空部分边界线填补空隙，【设置连续性约束条件】选择缺口边线，【详细设置】选择"合并结果"。

147

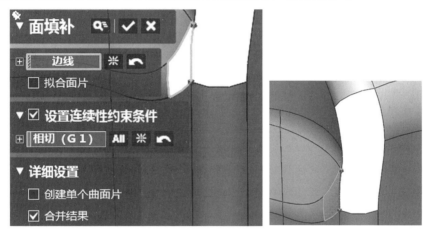

图 3.73　面填补 2

（67）面填补 3

调用【面填补】命令，【边线】选择"面填补 2"如图 3.74 所示中空部分边界线填补空隙，【设置连续性约束条件】选择缺口边线，【详细设置】选择"合并结果"。

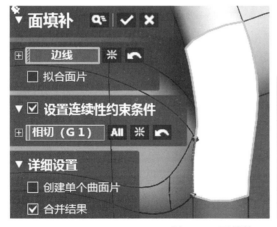

图 3.74　面填补 3

（68）剪切曲面 17

调用【剪切曲面】命令,【工具要素】选择"上平面",【对象体】选择"面填补 3",点击"下一阶段",【残留体】选择右侧,如图 3.75 所示。

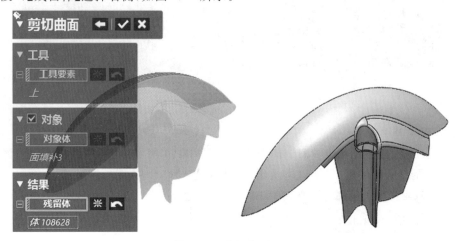

图 3.75　剪切曲面 17

（69）草图 7

调用【草图】命令,【基准平面】选择"上平面",进入草图界面后,结合把手外部轮廓特征,选择【直线】【样条曲线】命令,绘制如图 3.76 所示草图。

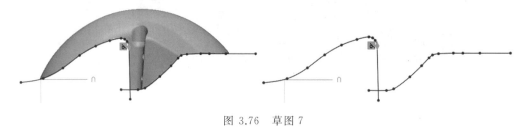

图 3.76　草图 7

（70）拉伸 4

调用【拉伸】命令,【基准草图】选择"草图 7",【方向】中【方法】选择"距离",【长度】设置为"275 mm",如图 3.77 所示。

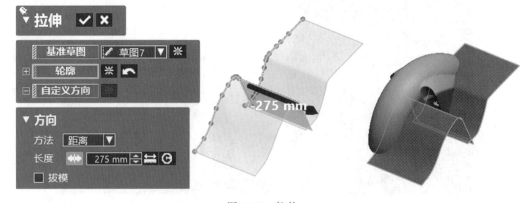

图 3.77　拉伸 4

148

（71）剪切曲面 18

调用【剪切曲面】命令，【工具要素】选择"拉伸 4_1"，【对象体】选择"剪切曲面 17"，点击"下一阶段"，【残留体】选择上侧，如图 3.78 所示。

图 3.78　剪切曲面 18

（72）剪切曲面 19

调用【剪切曲面】命令，【工具要素】选择"拉伸 4_2"，【对象体】选择"剪切曲面 18"，点击"下一阶段"，【残留体】选择右侧，如图 3.79 所示。

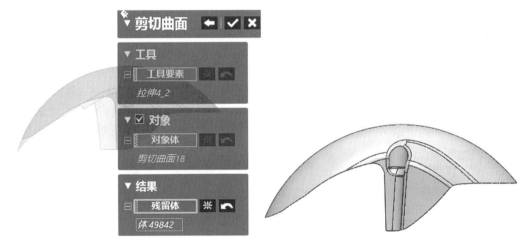

图 3.79　剪切曲面 19

（73）删除面 3

调用【删除面】命令，选择"删除"，【面】选择如图 3.80 所示瑕疵面。

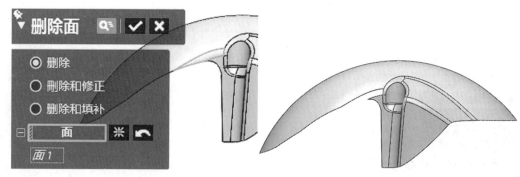

图 3.80 删除面 3

(74)3D 草图 10

调用【3D 草图】命令,【绘制】栏中选择【样条曲线】命令,在"曲面偏移 3""曲面偏移 4"上创建如图 3.81 所示曲线。

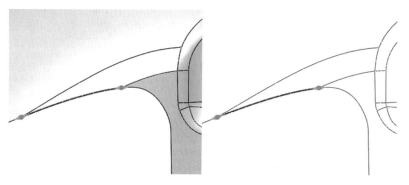

图 3.81 3D 草图 10

(75)面填补 4

调用【面填补】命令,【边线】选择"剪切曲面 19"如图 3.82 所示中空部分边界线填补空隙,【设置连续性约束条件】选择缺口边线与"3D 草图 10",【详细设置】选择"合并结果"。

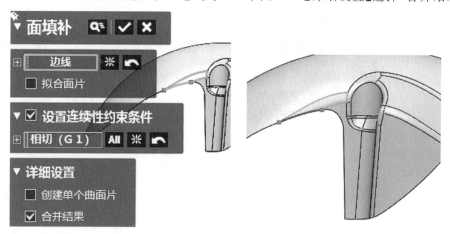

图 3.82 面填补 4

(76)草图 8(面片)

调用【面片草图】命令,【基准平面】选择"面填补 4 对应平面",【绘制】栏中选择【直线】【中心点圆弧】命令,以系统投影线为基准绘制草图,如图 3.83 所示。

图 3.83　草图 8(面片)

(77)拉伸 5

调用【拉伸】命令,【基准草图】选择"草图 8(面片)",【方向】中【方法】选择"距离",【长度】设置为"7 mm",【反方向】中【长度】设置为"5 mm",如图 3.84 所示。

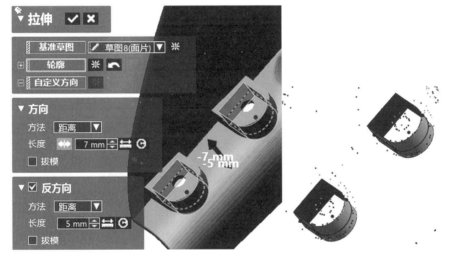

图 3.84　拉伸 5

(78)剪切曲面 20

调用【剪切曲面】命令,【工具要素】选择"拉伸 5_1""拉伸 5_2""面填补 4",【对象体】选择"拉伸 5_1""拉伸 5_2""面填补 4",点击"下一阶段",【残留体】选择内侧,如图3.85所示。

图 3.85　剪切曲面 20

（79）面填补 5

调用【面填补】命令,【边线】选择"剪切曲面 20"如图 3.86 所示中空部分边界线填补空隙,【详细设置】选择"合并结果"。

图 3.86　面填补 5

（80）面填补 6

调用【面填补】命令,【边线】选择"面填补 5"如图 3.87 所示中空部分边界线填补空隙,【详细设置】选择"合并结果"。

图 3.87　面填补 6

(81)平面 3

调用【平面】命令,【要 素】选择"上 平 面",【方 法】选择"偏移",【距 离】设置为"−10 mm",如图3.88所示。

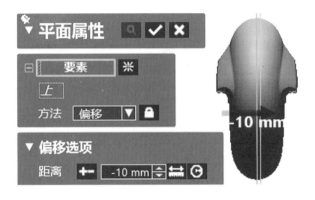

图 3.88　平面 3

(82)剪切曲面 21

调用【剪切曲面】命令,【工具要素】选择"平面 3",【对象体】选择"面填补 6",点击"下一阶段",【残留体】选择右侧,如图 3.89 所示。

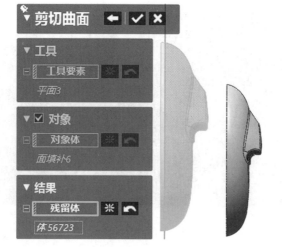

图 3.89　剪切曲面 21

（83）镜像 1

调用【镜像】命令，【体】选择"剪切曲面 21"，【对称平面】选择"上平面"，如图 3.90 所示。

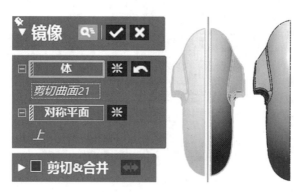

图 3.90　镜像 1

（84）放样 3

调用【放样】命令，【轮廓】选择"剪切曲面 21""镜像 1"对应边线，【约束条件】均选择 "与面相切"，相切面分别选择"剪切曲面 21""镜像 1"，如图 3.91 所示。

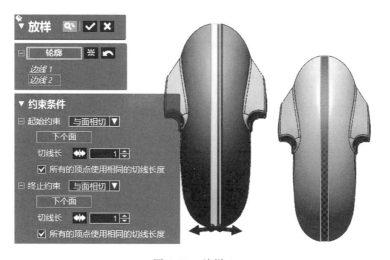

图 3.91　放样 3

(85)延长曲面 9

调用【延长曲面】命令,【边线/面】选择如图 3.92 所示对应边,【终止条件】选择"距离 28 mm",【延长方法】选择"同曲面"。

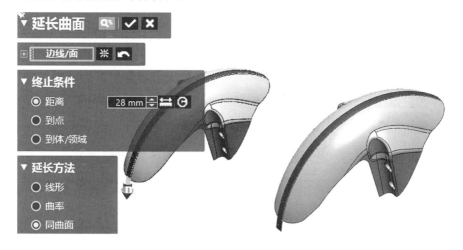

图 3.92　延长曲面 9

(86)延长曲面 10

调用【延长曲面】命令,【边线/面】选择如图 3.93 所示对应边,【终止条件】选择"距离 28 mm",【延长方法】选择"同曲面"。

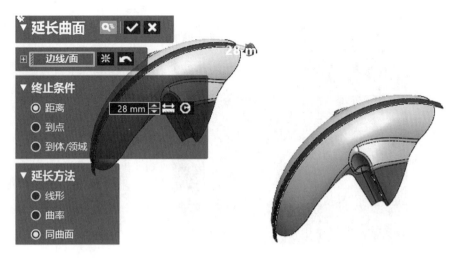

图 3.93　延长曲面 10

（87）剪切曲面 22

调用【剪切曲面】命令，【工具要素】选择"拉伸 4_1"，【对象体】选择"放样 3"，点击"下一阶段"，【残留体】选择左侧，如图 3.94 所示。

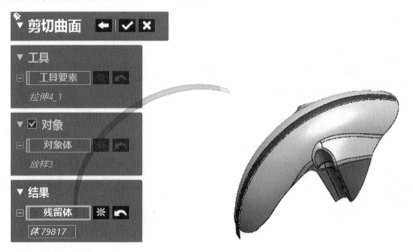

图 3.94　剪切曲面 22

（88）剪切曲面 23

调用【剪切曲面】命令，【工具要素】选择"拉伸 4_2"，【对象体】选择"剪切曲面 22"，点击"下一阶段"，【残留体】选择右侧，如图 3.95 所示。

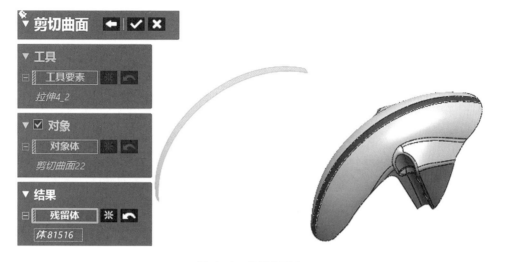

图 3.95　剪切曲面 23

3. 摩托车挡板整体

（1）缝合 6

调用【缝合】命令，【曲面体】选择"镜像 1""剪切曲面 21""剪切曲面 23"，如图3.96 所示。

图 3.96　缝合 6

（2）赋厚曲面 1

调用【赋厚曲面】命令，【体】选择"剪切曲面 23"，"厚度"设置为"1 mm"，【方向】向"内"，如图 3.97 所示。

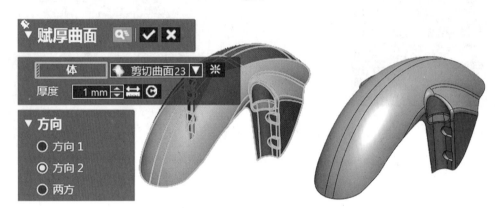

图 3.97　赋厚曲面 1

4. 摩托车挡板【体偏差】检测

选择绘图区上侧工具条【体偏差】命令检测摩托车挡板建模质量，如图 3.98 所示。

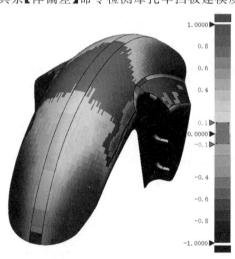

图 3.98　摩托车挡板建模质量检测

摩托车
挡板本体

摩托车挡板
固定部分

任务 3.2　自行车把手建模

课前预习

(1)根据建模过程掌握自行车把手零件逆向建模的思路与方法

(2)熟悉知识链接中包含的建模命令

任务描述

根据图 3.99 建模过程完成自行车把手零件的逆向建模,文件名为 ∗:\实例文件\零件图档\自行车把手.xrl。

159

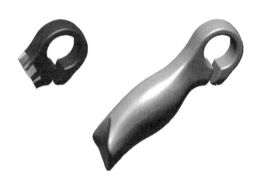

图 3.99　自行车把手建模过程

知识链接

(1)【草图】—【草图】

(2)【模型】—【创建曲面】—【拉伸】

(3)【领域】—【插入】

(4)【模型】—【向导】—【面片拟合】

(5)【模型】—【编辑】—【剪切曲面】

(6)【3D 草图】—【3D 草图】

(7)【模型】—【体/面】—【分割面】

(8)【模型】—【创建曲面】—【放样】

(9)【模型】—【编辑】—【缝合】

(10)【模型】—【编辑】—【延长曲面】

(11)【模型】—【编辑】—【圆角】

(12)【模型】—【编辑】—【面填补】

(13)【模型】—【体/面】—【删除面】

(14)【模型】—【创建曲面】—【基础曲面】

(15)【模型】—【编辑】—【曲面偏移】

(16)【模型】—【编辑】—【拔模】

(17)【模型】—【阵列】—【镜像】

(18)【草图】—【面片草图】

建模过程

1. 自行车把手握手

(1)草图 1

调用【草图】命令,【基准平面】选择"前平面",进入草图界面后,选择【直线】命令,绘制如图 3.100 所示草图,其中上部直线为"前平面"与"上平面"交线。

图 3.100 草图 1

(2)拉伸 1

调用【拉伸】命令,【基准草图】选择"草图 1",【方向】中【方法】选择"距离",【长度】设置为"23.5 mm",【反方向】中【长度】设置为"22.5 mm",如图 3.101 所示。

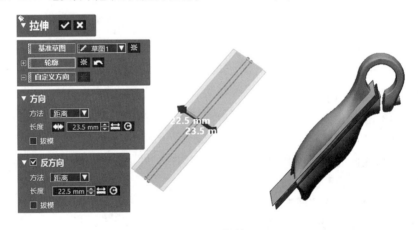

图 3.101 拉伸 1

(3)草图 2

调用【草图】命令,【基准平面】选择"上平面",进入草图界面后,贴合模型特征,选择【直线】命令,绘制如图 3.102 所示草图。

160

图 3.102　草图 2

（4）拉伸 2

调用【拉伸】命令,【基准草图】选择"草图 2",【方向】中【方法】选择"距离",【长度】设置为"16.5 mm",【反方向】中【长度】设置为"25 mm",如图 3.103 所示。

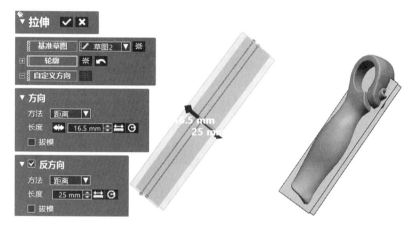

图 3.103　拉伸 2

（5）草图 3

调用【草图】命令,【基准平面】选择"前平面",进入草图界面后,贴合模型特征,选择【直线】命令,绘制如图 3.104 所示草图。

图 3.104　草图 3

（6）拉伸 3

调用【拉伸】命令,【基准草图】选择"草图 3",【方向】中【方法】选择"距离",【长度】设置为"16.5 mm",【反方向】中【长度】设置为"23 mm",如图 3.105 所示。

161

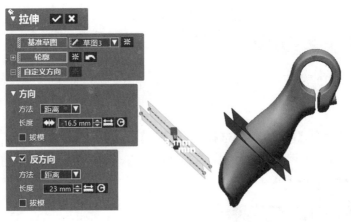

图 3.105　拉伸 3

（7）领域组 1

调用【领域】命令，选择图 3.106 所示特征区域，选择命令使用【画笔选择模式】，选择完毕后，点选【编辑】框中【插入】，重复多次，创建多个不同"领域"。

图 3.106　领域组 1

（8）面片拟合 1

调用【面片拟合】命令，【领域/单元面】选择如图 3.107 所示区域，【许可偏差】设置为"0.1 mm"，【最大控制点数】设置为"50"。

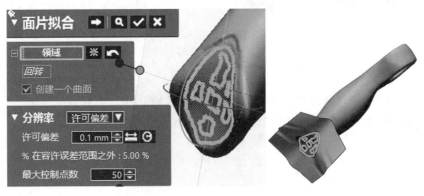

图 3.107　面片拟合 1

（9）面片拟合 2

调用【面片拟合】命令,【领域/单元面】选择如图 3.108 所示区域,【许可偏差】设置为
"0.1 mm",【最大控制点数】设置为"50"。

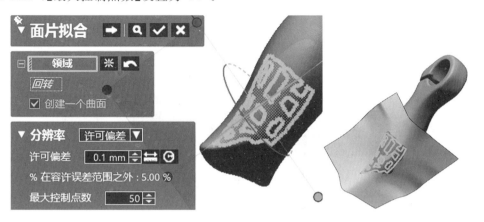

图 3.108　面片拟合 2

（10）面片拟合 3

调用【面片拟合】命令,【领域/单元面】选择如图 3.109 所示区域,【许可偏差】设置为
"0.1 mm",【最大控制点数】设置为"50"。

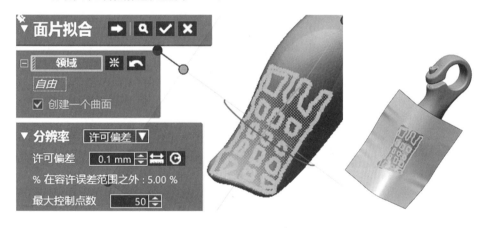

图 3.109　面片拟合 3

（11）面片拟合 4

调用【面片拟合】命令,【领域/单元面】选择如图 3.110 所示区域,【许可偏差】设置为
"0.1 mm",【最大控制点数】设置为"50"。

163

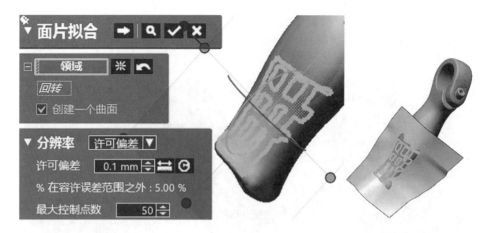

图 3.110　面片拟合 4

（12）面片拟合 5

调用【面片拟合】命令，【领域/单元面】选择如图 3.111 所示区域，【许可偏差】设置为"0.1 mm"，【最大控制点数】设置为"50"。

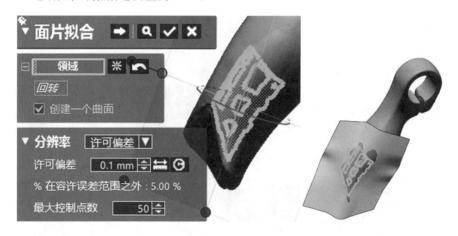

图 3.111　面片拟合 5

（13）剪切曲面 1

调用【剪切曲面】命令，【工具要素】选择"拉伸 1_1""拉伸 1_2""拉伸 2_1""拉伸 2_2""拉伸 3_1""拉伸 3_2"，【对象体】选择"面片拟合 2""面片拟合 3""面片拟合 4""面片拟合 5"，点击"下一阶段"，【残留体】选择内侧，如图 3.112 所示。

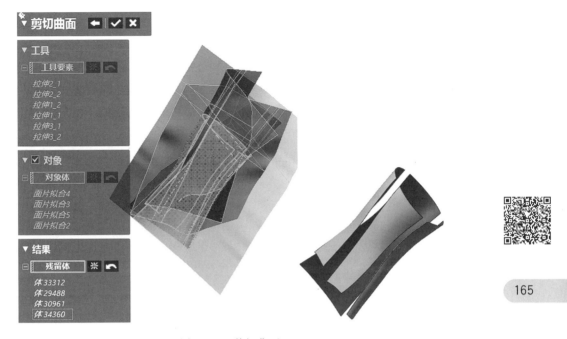

图 3.112　剪切曲面 1

（14）3D 草图 1

调用【3D 草图】命令，【绘制】栏中选择【样条曲线】命令，在"剪切曲面 1"上创建如图 3.113 所示 4 条曲线。

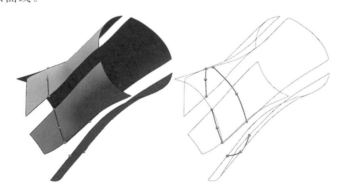

图 3.113　3D 草图 1

（15）分割面 1

调用【分割面】命令，选择"投影"，【工具要素】选择"3D 草图 1"对应曲线，【对象要素】选择"剪切曲面 1_4"，如图 3.114 所示。

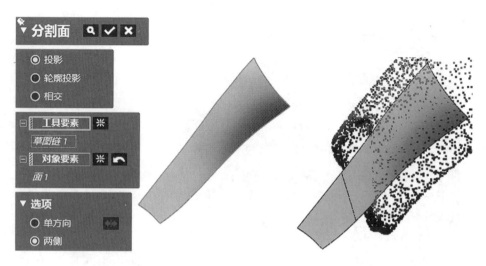

图 3.114　分割面 1

（16）分割面 2

调用【分割面】命令，选择"投影"，【工具要素】选择"3D 草图 1"对应曲线，【对象要素】选择"剪切曲面 1_2"，如图 3.115 所示。

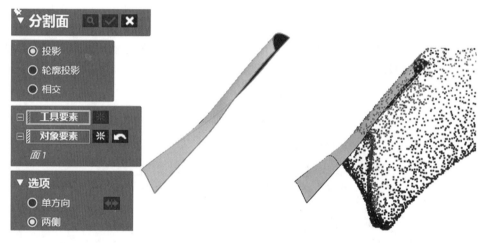

图 3.115　分割面 2

（17）分割面 3

调用【分割面】命令，选择"投影"，【工具要素】选择"3D 草图 1"对应曲线，【对象要素】选择"剪切曲面 1_3"，如图 3.116 所示。

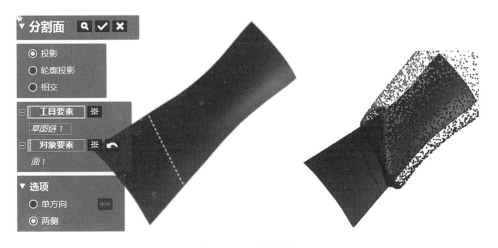

图 3.116　分割面 3

(18)分割面 4

调用【分割面】命令,选择"投影",【工具要素】选择"3D 草图 1"对应曲线,【对象要素】选择"剪切曲面 1_1",如图 3.117 所示。

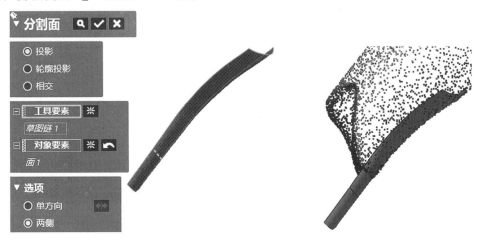

图 3.117　分割面 4

(19)放样 1

调用【放样】命令,【轮廓】选择"剪切曲面 1_2""剪切曲面 1_3"分割后对应边线,【约束条件】均选择"与面相切",相切面分别选择"剪切曲面 1_2""剪切曲面 1_3"分割后对应曲面,如图 3.118 所示。

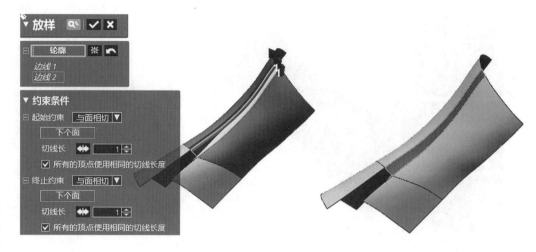

图 3.118　放样 1

（20）放样 2

调用【放样】命令,【轮廓】选择"剪切曲面 1_2""剪切曲面 1_4"分割后对应边线,【约束条件】均选择"与面相切",相切面分别选择"剪切曲面 1_2""剪切曲面 1_4"分割后对应曲面,如图 3.119 所示。

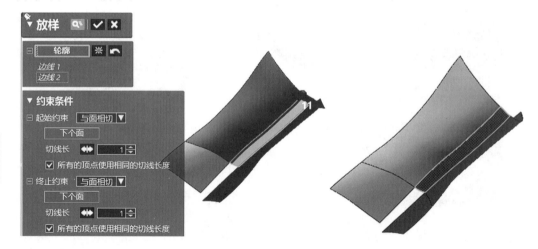

图 3.119　放样 2

（21）放样 3

调用【放样】命令,【轮廓】选择"剪切曲面 1_1""剪切曲面 1_4"分割后对应边线,【约束条件】均选择"与面相切",相切面分别选择"剪切曲面 1_1""剪切曲面 1_4"分割后对应曲面,如图 3.120 所示。

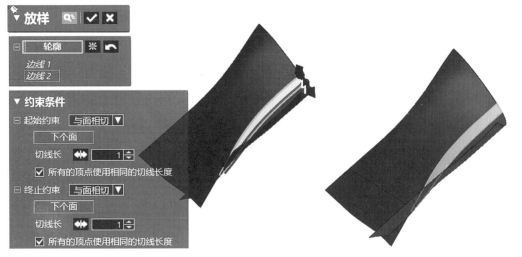

图 3.120　放样 3

（22）放样 4

调用【放样】命令，【轮廓】选择"剪切曲面 1_1""剪切曲面 1_3"分割后对应边线，【约束条件】均选择"与面相切"，相切面分别选择"剪切曲面 1_1""剪切曲面 1_3"分割后对应曲面，如图 3.121 所示。

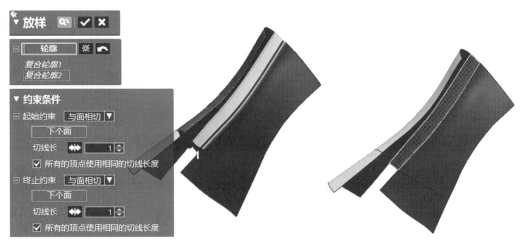

图 3.121　放样 4

（23）缝合 1

调用【缝合】命令，【曲面体】选择"放样 1—放样 4""剪切曲面 1_1—剪切曲面 1_4"，如图 3.122 所示。

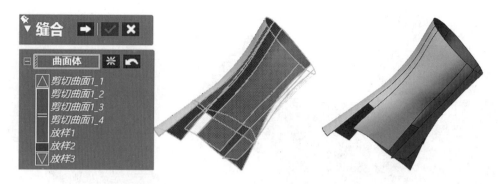

图 3.122　缝合 1

（24）延长曲面 1

调用【延长曲面】命令,【边线/面】选择如图 3.123 所示对应边,【终止条件】选择"距离 3 mm",【延长方法】选择"线形"。

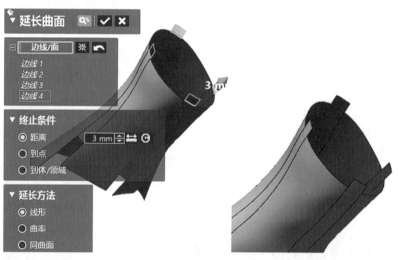

图 3.123　延长曲面 1

（25）剪切曲面 2

调用【剪切曲面】命令,【工具要素】选择"拉伸 3_1",【对象体】选择"放样 4",点击"下一阶段",【残留体】选择下侧,如图 3.124 所示。

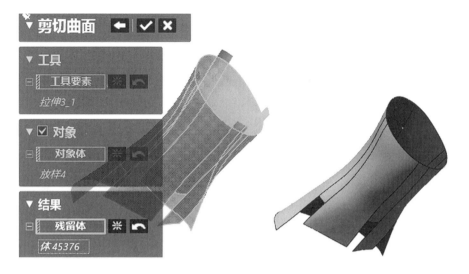

图 3.124　剪切曲面 2

（26）剪切曲面 3

调用【剪切曲面】命令,【工具要素】选择"面片拟合 1""剪切曲面 2",【对象体】选择"面片拟合 1""剪切曲面 2",点击"下一阶段",【残留体】选择上侧,如图 3.125 所示。

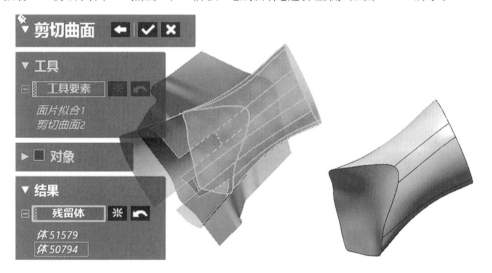

图 3.125　剪切曲面 3

（27）圆角 1（恒定）

调用【圆角】命令,选择"固定圆角",【圆角要素设置】选择如图 3.126 所示,【半径】设置为"1.5 mm",【选项】选择"切线扩张"。

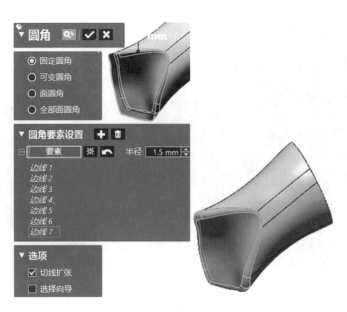

图 3.126　圆角 1(恒定)

172

(28)面片拟合 6

调用【面片拟合】命令,【领域/单元面】选择如图 3.127 所示区域,【许可偏差】设置为
"0.1 mm",【最大控制点数】设置为"50"。

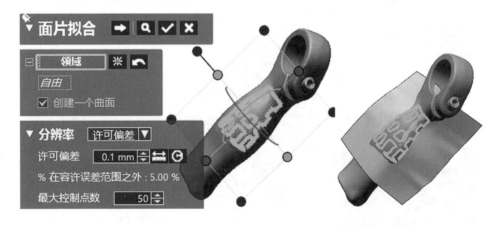

图 3.127　面片拟合 6

(29)面片拟合 7

调用【面片拟合】命令,【领域/单元面】选择如图 3.128 所示区域,【许可偏差】设置为
"0.1 mm",【最大控制点数】设置为"50"。

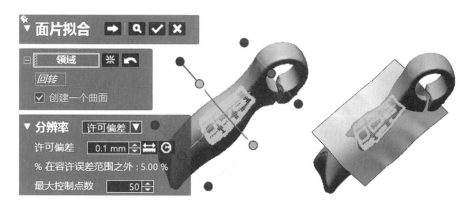

图 3.128　面片拟合 7

（30）面片拟合 8

调用【面片拟合】命令,【领域/单元面】选择如图 3.129 所示区域,【许可偏差】设置为
"0.1 mm",【最大控制点数】设置为"50"。

图 3.129　面片拟合 8

（31）面片拟合 9

调用【面片拟合】命令,【领域/单元面】选择如图 3.130 所示区域,【许可偏差】设置为
"0.1 mm",【最大控制点数】设置为"50"。

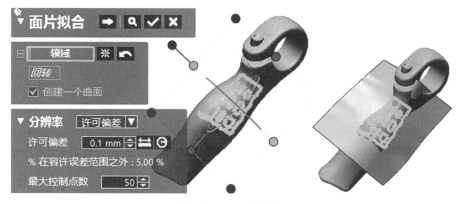

图 3.130　面片拟合 9

（32）剪切曲面 4

调用【剪切曲面】命令，【工具要素】选择"拉伸 1_1""拉伸 1_2""拉伸 2_1""拉伸 2_2"
"拉伸 3_1""拉伸 3_2"，【对象体】选择"面片拟合 6""面片拟合 7""面片拟合 8""面片拟合
9"，点击"下一阶段"，【残留体】选择内侧，如图 3.131 所示。

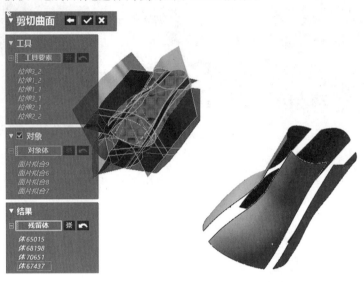

图 3.131　剪切曲面 4

（33）放样 5

调用【放样】命令，【轮廓】选择"剪切曲面 4_2""剪切曲面 4_3"对应边线，【约束条件】
均选择"与面相切"，相切面分别选择"剪切曲面 4_2""剪切曲面 4_3"对应曲面，如图 3.132
所示。

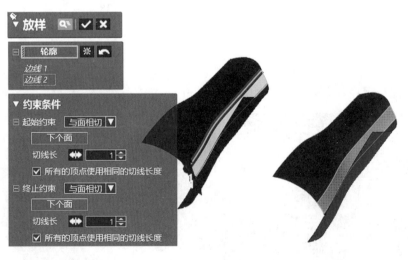

图 3.132　放样 5

（34）放样 6

调用【放样】命令，【轮廓】选择"剪切曲面 4_2""剪切曲面 4_3"对应边线，【约束条件】

174

均选择"与面相切",相切面分别选择"剪切曲面 4_2""剪切曲面 4_3"对应曲面,如图 3.133 所示。

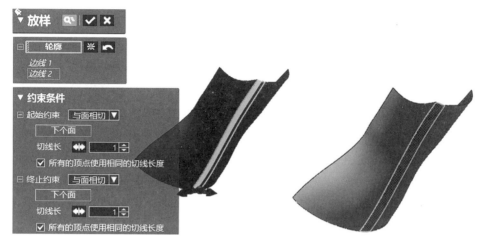

图 3.133　放样 6

(35)放样 7

调用【放样】命令,【轮廓】选择"剪切曲面 4_1""剪切曲面 4_4"对应边线,【约束条件】均选择"与面相切",相切面分别选择"剪切曲面 4_1""剪切曲面 4_4"对应曲面,如图 3.134 所示。

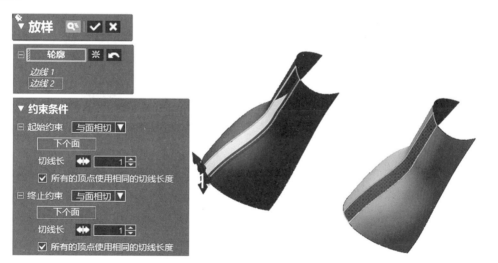

图 3.134　放样 7

(36)放样 8

调用【放样】命令,【轮廓】选择"剪切曲面 4_1""剪切曲面 4_3"对应边线,【约束条件】均选择"与面相切",相切面分别选择"剪切曲面 4_1""剪切曲面 4_3"对应曲面,如图 3.135 所示。

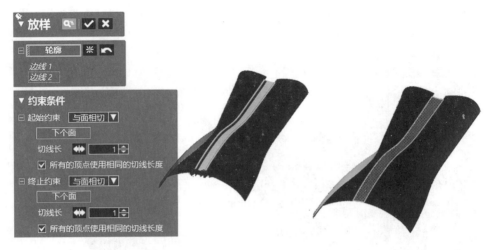

图 3.135　放样 8

(37)缝合 2

调用【缝合】命令,【曲面体】选择"放样 5—放样 8""剪切曲面 4_1—剪切曲面 4_4",如图 3.136 所示。

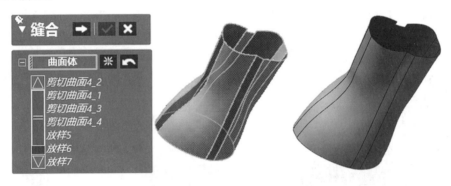

图 3.136　缝合 2

(38)延长曲面 2

调用【延长曲面】命令,【边线/面】选择如图 3.137 所示对应边,【终止条件】选择"距离 3 mm",【延长方法】选择"线形"。

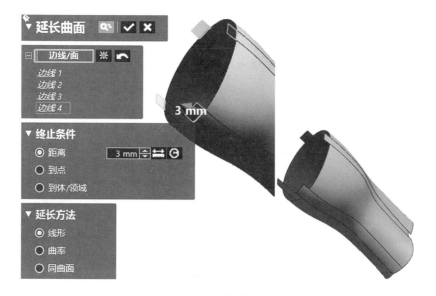

图 3.137　延长曲面 2

（39）剪切曲面 5

调用【剪切曲面】命令，【工具要素】选择"拉伸 3_2"，【对象体】选择"放样 8"，点击"下一阶段"，【残留体】选择下侧，如图 3.138 所示。

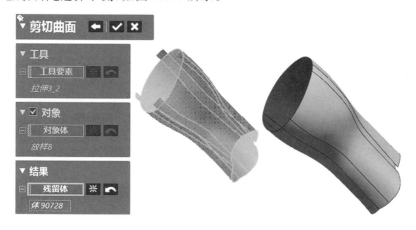

图 3.138　剪切曲面 5

（40）放样 9

调用【放样】命令，【轮廓】选择"剪切曲面 5""圆角 1（恒定）"对应边线，【约束条件】均选择"与面相切"，相切面分别选择"剪切曲面 5""圆角 1（恒定）"对应曲面，如图 3.139 所示。

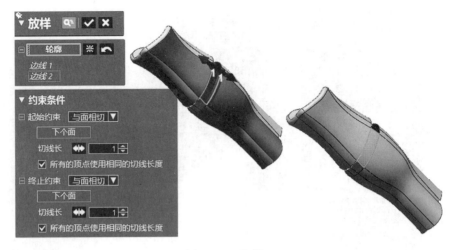

图 3.139　放样 9

（41）放样 10

调用【放样】命令,【轮廓】选择"剪切曲面 5""圆角 1（恒定）"对应边线,【约束条件】均选择"与面相切",相切面分别选择"剪切曲面 5""圆角 1（恒定）"对应曲面,如图 3.140 所示。

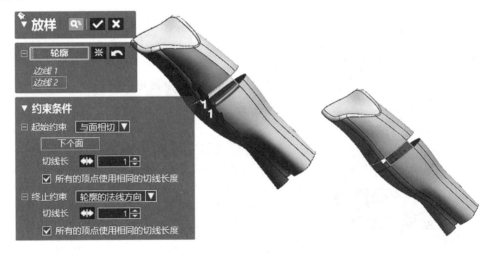

图 3.140　放样 10

（42）放样 11

调用【放样】命令,【轮廓】选择"剪切曲面 5""圆角 1（恒定）"对应边线,【约束条件】均选择"与面相切",相切面分别选择"剪切曲面 5""圆角 1（恒定）"对应曲面,如图 3.141 所示。

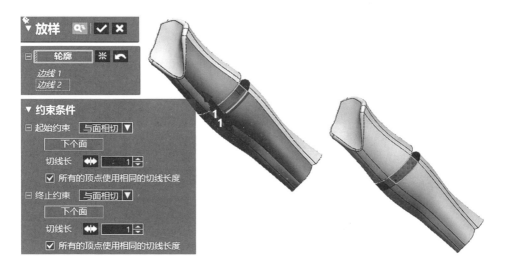

图 3.141　放样 11

（43）放样 12

调用【放样】命令,【轮廓】选择"剪切曲面 5""圆角 1（恒定）"对应边线,【约束条件】均选择"与面相切",相切面分别选择"剪切曲面 5""圆角 1（恒定）"对应曲面,如图 3.142 所示。

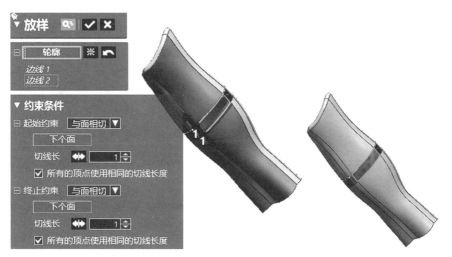

图 3.142　放样 12

（44）延长曲面 3

调用【延长曲面】命令,【边线/面】选择如图 3.143 所示对应边,【终止条件】选择"距离 1 mm",【延长方法】选择"线形"。

图 3.143　延长曲面 3

（45）延长曲面 4

调用【延长曲面】命令,【边线/面】选择如图 3.144 所示对应边,【终止条件】选择"距离 2 mm",【延长方法】选择"线形"。

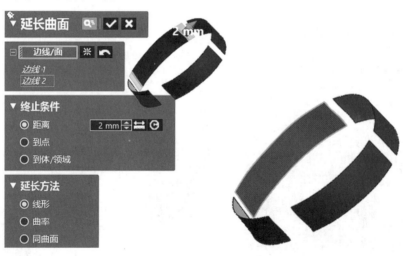

图 3.144　延长曲面 4

（46）延长曲面 5

调用【延长曲面】命令,【边线/面】选择如图 3.145 所示对应边,【终止条件】选择"距离 1 mm",【延长方法】选择"线形"。

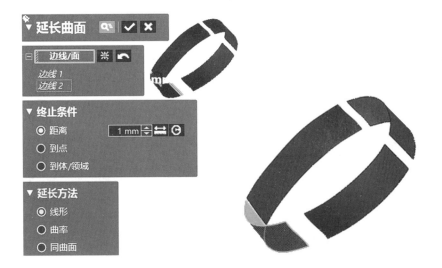

图 3.145　延长曲面 5

（47）延长曲面 6

调用【延长曲面】命令,【边线/面】选择如图 3.146 所示对应边,【终止条件】选择"距离 1 mm",【延长方法】选择"线形"。

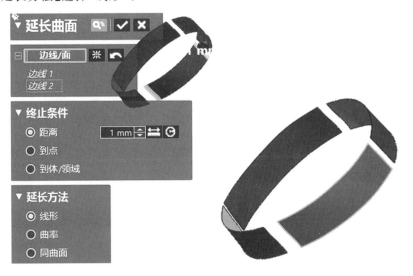

图 3.146　延长曲面 6

（48）剪切曲面 6

调用【剪切曲面】命令,【工具要素】选择"拉伸 1_1""拉伸 1_2""拉伸 2_1""拉伸 2_2",【对象体】选择"放样 9""放样 10""放样 11""放样 12",点击"下一阶段",【残留体】选择内侧,如图 3.147 所示。

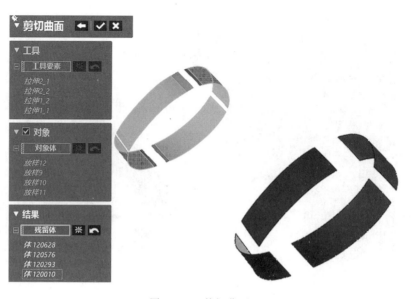

图 3.147　剪切曲面 6

（49）缝合 3

调用【缝合】命令，【曲面体】选择"剪切曲面 5""剪切曲面 6_1—剪切曲面 6_4""圆角 1（恒定）"，如图 3.148 所示。

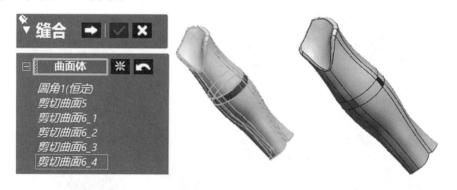

图 3.148　缝合 3

（50）面填补 1

调用【面填补】命令，【边线】选择"缝合 3"如图 3.149 所示中空部分边界线填补空隙，【设置连续性约束条件】选择缺口边线，【详细设置】选择"合并结果"。

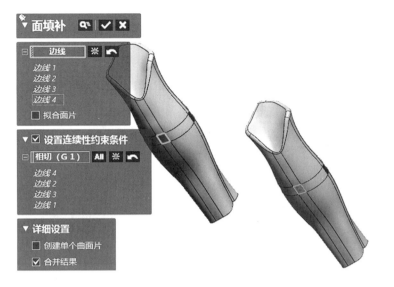

图 3.149　面填补 1

(51)面填补 2

调用【面填补】命令,【边线】选择"面填补 1"如图 3.150 所示中空部分边界线填补空隙,【设置连续性约束条件】选择缺口边线,【详细设置】选择"合并结果"。

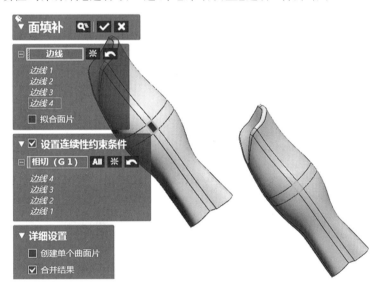

图 3.150　面填补 2

(52)面填补 3

调用【面填补】命令,【边线】选择"面填补 2"如图 3.151 所示中空部分边界线填补空隙,【设置连续性约束条件】选择缺口边线,【详细设置】选择"合并结果"。

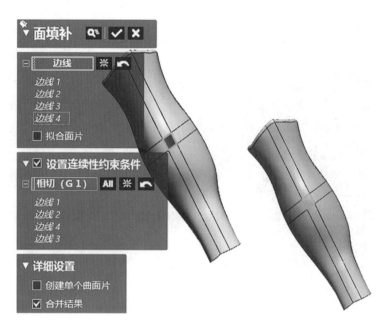

图 3.151　面填补 3

（53）放样 13

调用【放样】命令，【轮廓】选择"面填补 3"对应边线，【约束条件】均选择"与面相切"，相切面选择"面填补 3"对应曲面，如图 3.152 所示。

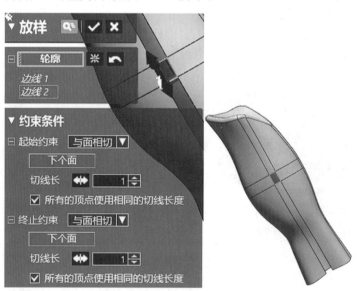

图 3.152　放样 13

（54）缝合 4

调用【缝合】命令，【曲面体】选择"面填补 3""放样 13"，如图 3.153 所示。

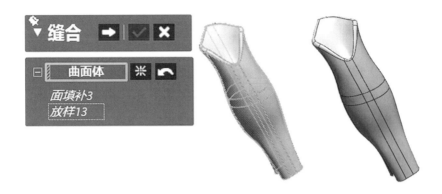

图 3.153　缝合 4

（55）删除面 1

调用【删除面】命令，选择"删除"，【面】选择如图 3.154 所示 2 个瑕疵面。

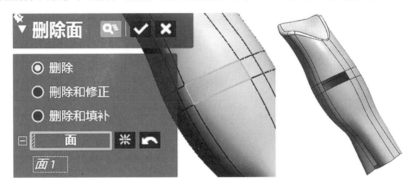

图 3.154　删除面 1

（56）面填补 4

调用【面填补】命令，【边线】选择"放样 13"如图 3.155 所示中空部分边界线填补空隙，【设置连续性约束条件】选择缺口边线，【详细设置】选择"合并结果"。

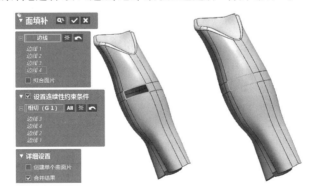

图 3.155　面填补 4

2. 自行车把手装配位

（1）平面曲面 1

调用【基础曲面】命令，【领域】选择如图 3.156 所示区域，【提取形状】选择"平面"，点击"下一阶段"，点击"确定"。

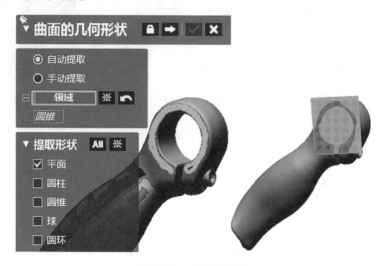

图 3.156　平面曲面 1

（2）曲面偏移 1

调用【曲面偏移】命令，【面】选择"平面曲面 1"，【偏移距离】设置为"8.5 mm"，如图 3.157所示。

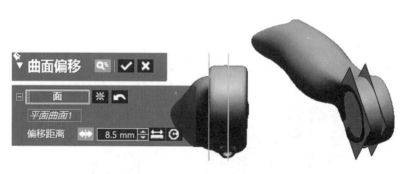

图 3.157　曲面偏移 1

（3）草图 5

调用【草图】命令，【基准平面】选择"曲面偏移 1"，进入草图界面后，贴合模型外轮廓特征，选择【样条曲线】命令，绘制如图 3.158 所示草图。

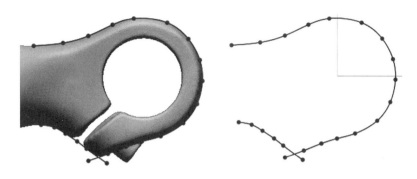

图 3.158　草图 5

(4)拉伸 4

调用【拉伸】命令,【基准草图】选择"草图 5",【方向】中【方法】选择"距离",【长度】设置为"16.5 mm",如图 3.159 所示。

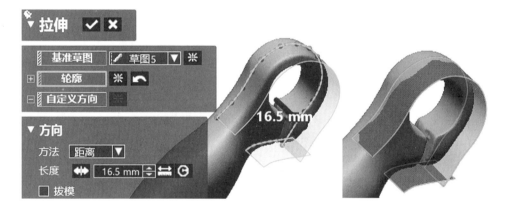

图 3.159　拉伸 4

(5)拔模 1

调用【拔模】命令,选择"基准平面拔模",【基准平面】选择"曲面偏移 1",【拔模面】选择"拉伸 4_1",【拔模参数】"角度"设置为"5°",如图 3.160 所示。

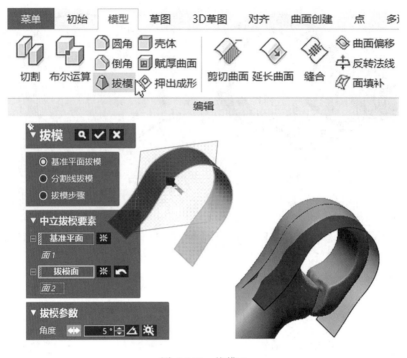

图 3.160　拔模 1

（6）拔模 2

调用【拔模】命令，选择"基准平面拔模"，【基准平面】选择"曲面偏移 1"，【拔模面】选择"拉伸 4_2"，【拔模参数】"角度"设置为"5°"，如图 3.161 所示。

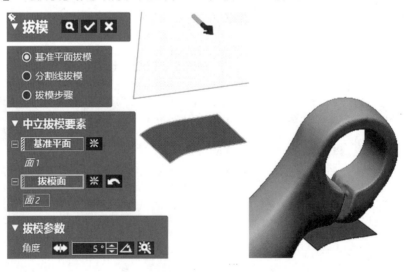

图 3.161　拔模 2

（7）剪切曲面 7

调用【剪切曲面】命令，【工具要素】选择"拉伸 4_1""拉伸 4_2"，【对象体】选择"拉伸

4_1""拉伸4_2",点击"下一阶段",【残留体】选择内侧,如图3.162所示。

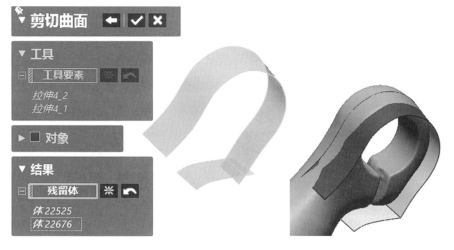

图 3.162　剪切曲面 7

(8)镜像 1

调用【镜像】命令,【体】选择"剪切曲面 7",【对称平面】选择"曲面偏移 1",如图 3.163 所示。

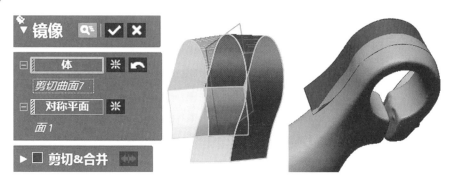

图 3.163　镜像 1

(9)缝合 5

调用【缝合】命令,【曲面体】选择"镜像 1""剪切曲面 7",如图 3.164 所示。

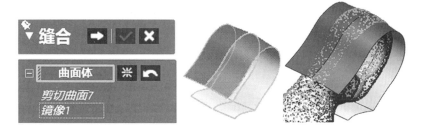

图 3.164　缝合 5

（10）延长曲面 7

调用【延长曲面】命令，【边线/面】选择如图 3.165 所示对应边，【终止条件】选择"距离 15 mm"，【延长方法】选择"线形"。

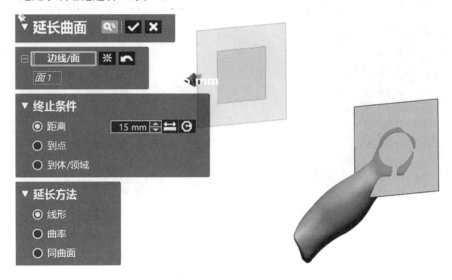

图 3.165　延长曲面 7

（11）平面曲面 2

调用【基础曲面】命令，【领域】选择如图 3.166 所示区域，【提取形状】选择"平面"，点击"下一阶段"，点击"确定"。

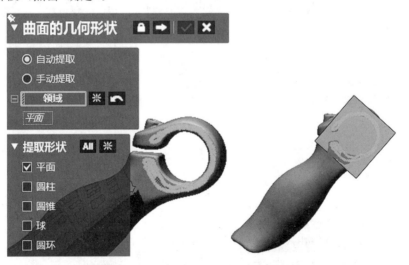

图 3.166　平面曲面 2

（12）延长曲面 8

调用【延长曲面】命令，【边线/面】选择如图 3.167 所示对应边，【终止条件】选择"距离 15 mm"，【延长方法】选择"线形"。

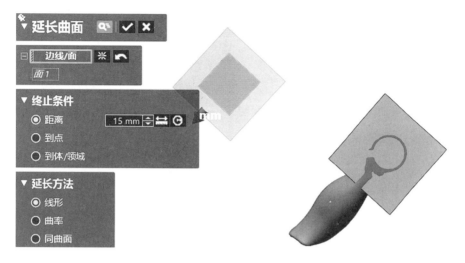

图 3.167　延长曲面 8

191

（13）剪切曲面 8

调用【剪切曲面】命令,【工具要素】选择"镜像 1""平面曲面 1""平面曲面 2",【对象体】选择"镜像 1""平面曲面 1""平面曲面 2",点击"下一阶段",【残留体】选择内侧,如图3.168 所示。

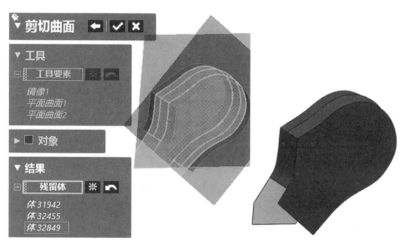

图 3.168　剪切曲面 8

（14）圆角 2(恒定)—圆角 4(恒定)

调用【圆角】命令,选择"固定圆角",【圆角要素设置】选择如图 3.169 所示,【半径】分别设置为"8.3 mm""10 mm""10 mm",【选项】选择"切线扩张"。

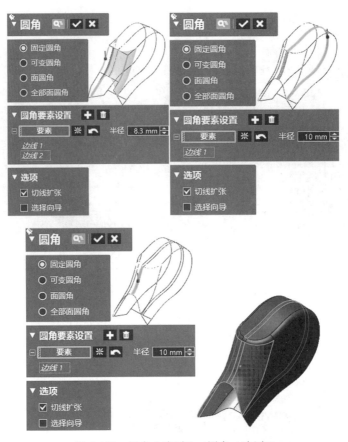

图 3.169　圆角 2(恒定)—圆角 4(恒定)

(15)圆角 5(可变)

调用【圆角】命令,选择"可变圆角",【圆角要素设置】选择如图 3.170 所示,【半径】分别设置为"4 mm""2 mm""2 mm""2 mm""2 mm""4 mm",【选项】选择"切线扩张"。

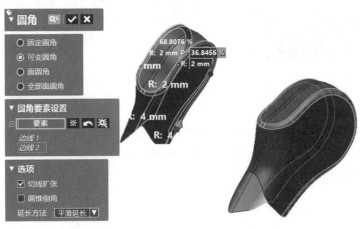

图 3.170　圆角 5(可变)

（16）草图7

调用【草图】命令，【基准平面】选择"前平面"，进入草图界面后，贴合模型特征，选择【直线】命令，绘制如图 3.171 所示草图。

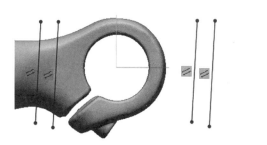

图 3.171　草图 7

（17）拉伸 5

调用【拉伸】命令，【基准草图】选择"草图 7"，【方向】中【方法】选择"距离"，【长度】设置为"16.5 mm"，【反方向】中【长度】设置为"23 mm"，如图 3.172 所示。

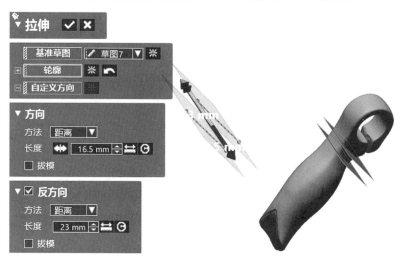

图 3.172　拉伸 5

（18）剪切曲面 9

调用【剪切曲面】命令，【工具要素】选择"拉伸 5_1""拉伸 5_2"，【对象体】选择"面填补 4""圆角 5（可变）"，点击"下一阶段"，【残留体】选择两侧，如图 3.173 所示。

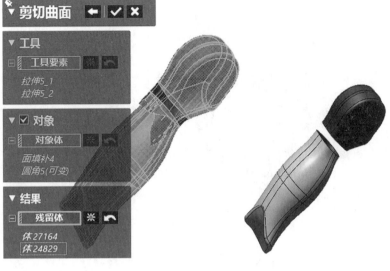

图 3.173　剪切曲面 9

（19）草图 8（面片）

调用【面片草图】命令，【基准平面】选择"曲面偏移 1"，【绘制】栏中选择【直线】【中心点圆弧】命令，以系统投影线为基准绘制草图，如图 3.174 所示。

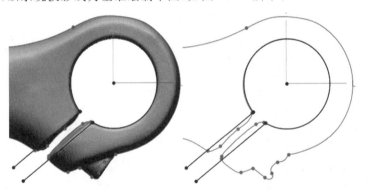

图 3.174　草图 8（面片）

（20）拉伸 6

调用【拉伸】命令，【基准草图】选择"草图 8（面片）"，【方向】中【方法】选择"距离"，【长度】设置为"16.5 mm"，【反方向】中【长度】设置为"15 mm"，如图 3.175 所示。

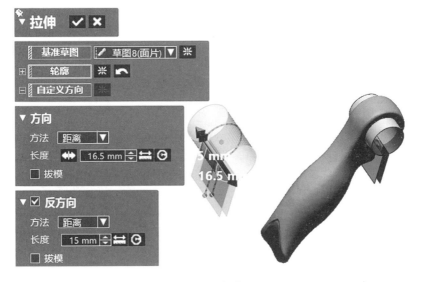

图 3.175　拉伸 6

(21)剪切曲面 10

调用【剪切曲面】命令,【工具要素】选择"拉伸 6_1",【对象体】选择"剪切曲面 9_2",点击"下一阶段",【残留体】选择外侧,如图 3.176 所示。

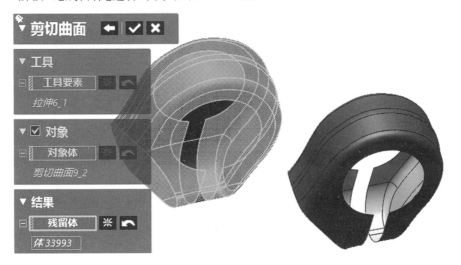

图 3.176　剪切曲面 10

(22)剪切曲面 11

调用【剪切曲面】命令,【工具要素】选择"剪切曲面 10",【对象体】选择"拉伸 6_1",点击"下一阶段",【残留体】选择内侧,如图 3.177 所示。

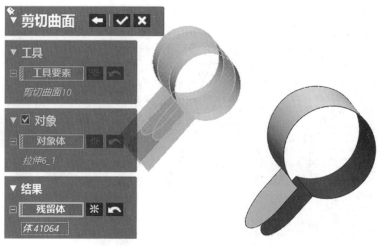

图 3.177　剪切曲面 11

（23）缝合 6

调用【缝合】命令，【曲面体】选择"剪切曲面 10""剪切曲面 11"，如图 3.178 所示。

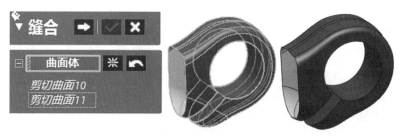

图 3.178　缝合 6

（24）圆角 6（恒定）、圆角 7（恒定）

调用【圆角】命令，选择"固定圆角"，【圆角要素设置】选择如图 3.179 所示，【半径】分别设置为"2 mm""1.5 mm"，【选项】选择"切线扩张"。

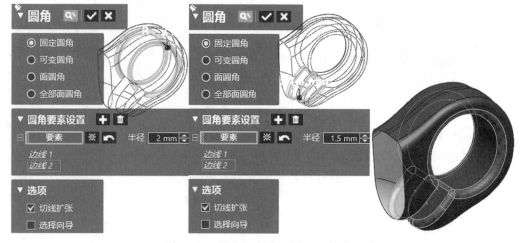

图 3.179　圆角 6（恒定）、圆角 7（恒定）

（25）3D草图2

调用【3D草图】命令，【绘制】栏中选择【样条曲线】命令，在"剪切曲面9""圆角7（恒定）"上创建如图3.180所示10条曲线。

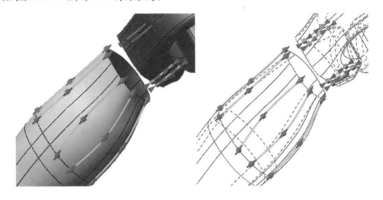

图3.180   3D草图2

（26）分割面5

调用【分割面】命令，选择"投影"，【工具要素】选择"3D草图2"对应曲线，【对象要素】选择"圆角7（恒定）"对应曲面，如图3.181所示。

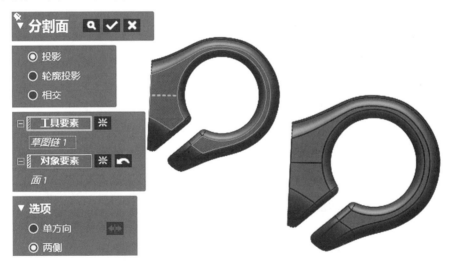

图3.181   分割面5

（27）分割面6

调用【分割面】命令，选择"投影"，【工具要素】选择"3D草图2"对应曲线，【对象要素】选择"圆角7（恒定）"对应曲面，如图3.182所示。

图 3.182　分割面 6

（28）分割面 7

调用【分割面】命令，选择"投影"，【工具要素】选择"3D 草图 2"对应曲线，【对象要素】选择"圆角 7（恒定）"对应曲面，如图 3.183 所示。

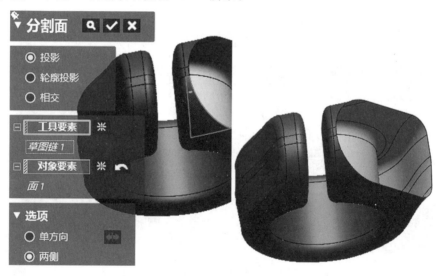

图 3.183　分割面 7

（29）分割面 8

调用【分割面】命令，选择"投影"，【工具要素】选择"3D 草图 2"对应曲线，【对象要素】选择"圆角 7（恒定）"对应曲面，如图 3.184 所示。

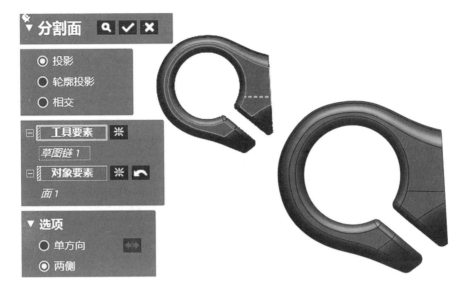

图 3.184　分割面 8

(30)分割面 9

调用【分割面】命令,选择"投影",【工具要素】选择"3D 草图 2"对应曲线,【对象要素】选择"圆角 7(恒定)"对应曲面,如图 3.185 所示。

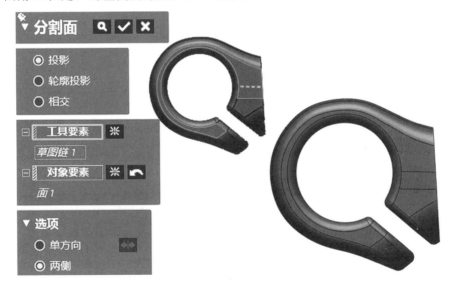

图 3.185　分割面 9

(31)分割面 10

调用【分割面】命令,选择"投影",【工具要素】选择"3D 草图 2"对应曲线,【对象要素】选择"圆角 7(恒定)"对应曲面,如图 3.186 所示。

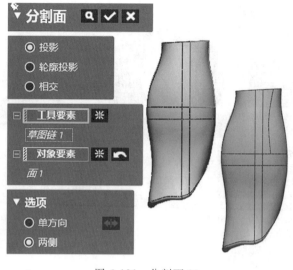

图 3.186　分割面 10

(32)分割面 11

调用【分割面】命令,选择"投影",【工具要素】选择"3D 草图 2"对应曲线,【对象要素】
选择"圆角 7(恒定)"对应曲面,如图 3.187 所示。

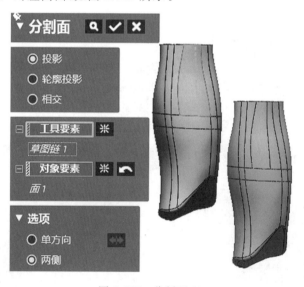

图 3.187　分割面 11

(33)分割面 12

调用【分割面】命令,选择"投影",【工具要素】选择"3D 草图 2"对应曲线,【对象要素】
选择"圆角 7(恒定)"对应曲面,如图 3.188 所示。

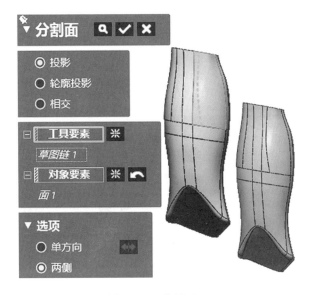

图 3.188　分割面 12

（34）分割面 13

调用【分割面】命令，选择"投影"，【工具要素】选择"3D 草图 2"对应曲线，【对象要素】选择"圆角 7（恒定）"对应曲面，如图 3.189 所示。

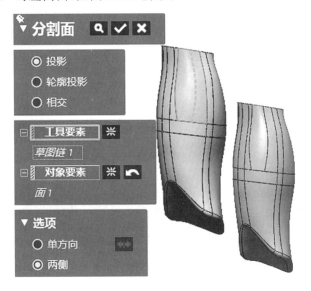

图 3.189　分割面 13

（35）分割面 14

调用【分割面】命令，选择"投影"，【工具要素】选择"3D 草图 2"对应曲线，【对象要素】选择"圆角 7（恒定）"对应曲面，如图 3.190 所示。

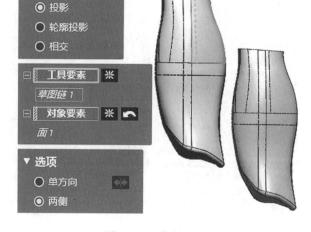

图 3.190　分割面 14

（36）放样 14

调用【放样】命令，【轮廓】选择"剪切曲面 9""圆角 7（恒定）"对应边线，【约束条件】均选择"与面相切"，相切面分别选择"剪切曲面 9""圆角 7（恒定）"对应曲面，如图 3.191所示。

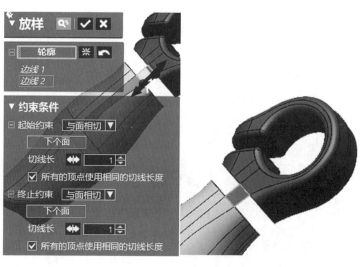

图 3.191　放样 14

（37）放样 15

调用【放样】命令，【轮廓】选择"剪切曲面 9""圆角 7（恒定）"对应边线，【约束条件】均选择"与面相切"，相切面分别选择"剪切曲面 9""圆角 7（恒定）"对应曲面，如图 3.192所示。

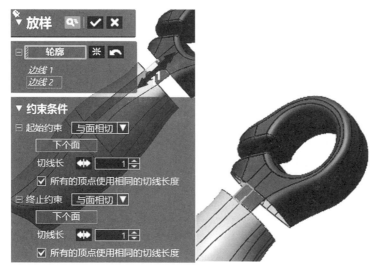

图 3.192　放样 15

(38)放样 16

调用【放样】命令,【轮廓】选择"剪切曲面 9""圆角 7(恒定)"对应边线,【约束条件】均选择"与面相切",相切面分别选择"剪切曲面 9""圆角 7(恒定)"对应曲面,如图 3.193所示。

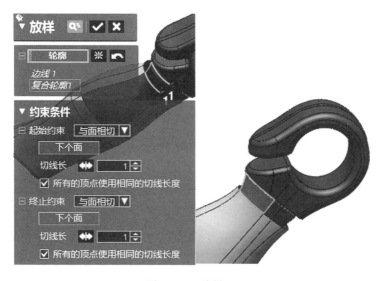

图 3.193　放样 16

(39)放样 17

调用【放样】命令,【轮廓】选择"剪切曲面 9""圆角 7(恒定)"对应边线,【约束条件】均选择"与面相切",相切面分别选择"剪切曲面 9""圆角 7(恒定)"对应曲面,如图 3.194所示。

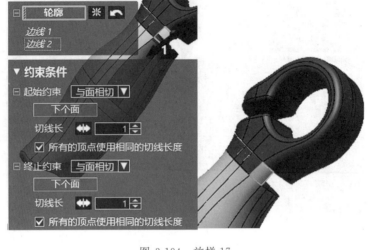

图 3.194　放样 17

（40）放样 18

调用【放样】命令，【轮廓】选择"剪切曲面 9""圆角 7（恒定）"对应边线，【约束条件】均选择"与面相切"，相切面分别选择"剪切曲面 9""圆角 7（恒定）"对应曲面，如图 3.195所示。

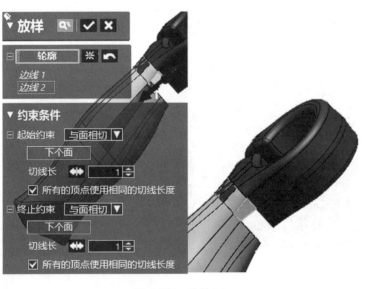

图 3.195　放样 18

（41）放样 19

调用【放样】命令，【轮廓】选择"剪切曲面 9""圆角 7（恒定）"对应边线，【约束条件】均选择"与面相切"，相切面分别选择"剪切曲面 9""圆角 7（恒定）"对应曲面，如图 3.196所示。

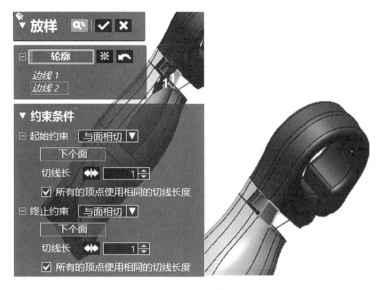

图 3.196　放样 19

（42）放样 20

调用【放样】命令,【轮廓】选择"剪切曲面 9""圆角 7(恒定)"对应边线,【约束条件】均
选择"与面相切",相切面分别选择"剪切曲面 9""圆角 7(恒定)"对应曲面,如图 3.197
所示。

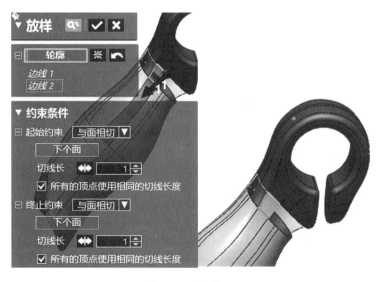

图 3.197　放样 20

（43）放样 21

调用【放样】命令,【轮廓】选择"剪切曲面 9""圆角 7(恒定)"对应边线,【约束条件】均
选择"与面相切",相切面分别选择"剪切曲面 9""圆角 7(恒定)"对应曲面,如图 3.198
所示。

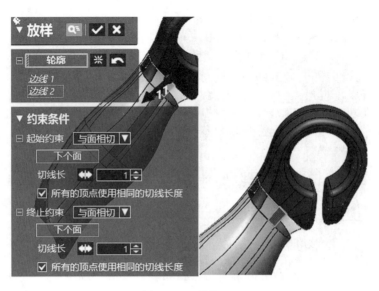

图 3.198　放样 21

（44）放样 22

调用【放样】命令，【轮廓】选择"剪切曲面 9""圆角 7（恒定）"对应边线，【约束条件】均选择"与面相切"，相切面分别选择"剪切曲面 9""圆角 7（恒定）"对应曲面，如图 3.199所示。

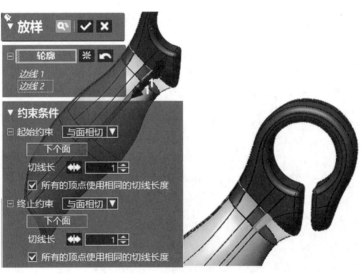

图 3.199　放样 22

（45）放样 23

调用【放样】命令，【轮廓】选择"剪切曲面 9""圆角 7（恒定）"对应边线，【约束条件】均选择"与面相切"，相切面分别选择"剪切曲面 9""圆角 7（恒定）"对应曲面，如图 3.200所示。

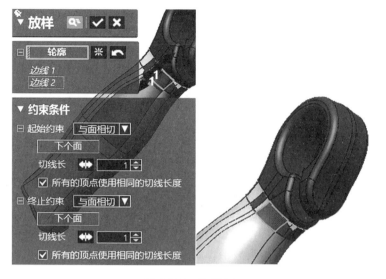

图 3.200　放样 23

(46)缝合 7

调用【缝合】命令,【曲面体】选择"剪切曲面 9""圆角 7(恒定)""放样 14—放样 23",如图 3.201 所示。

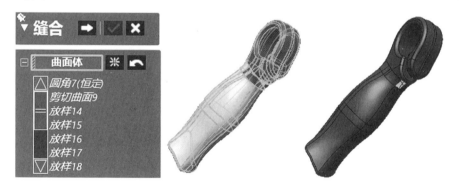

图 3.201　缝合 7

(47)面填补 5

调用【面填补】命令,【边线】选择"放样 23"如图 3.202 所示中空部分边界线填补空隙,【设置连续性约束条件】选择缺口边线,【详细设置】选择"合并结果"。

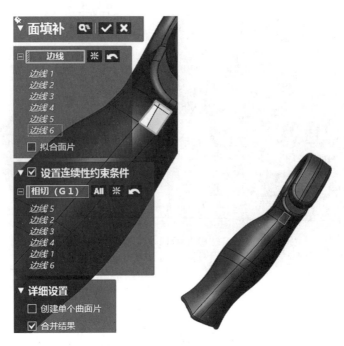

图 3.202　面填补 5

(48)3D 草图 3

调用【3D 草图】命令,【绘制】栏中选择【样条曲线】命令,在"面填补 5"上创建如图 3.203 所示曲线。

图 3.203　3D 草图 3

(49)分割面 15

调用【分割面】命令,选择"投影",【工具要素】选择"3D 草图 3"对应曲线,【对象要素】选择"面填补 5"对应曲面,如图 3.204 所示。

图 3.204　分割面 15

(50)放样 24

调用【放样】命令,【轮廓】选择"面填补 5"对应边线,【约束条件】均选择"与面相切",相切面选择"面填补 5"对应曲面,如图 3.205 所示。

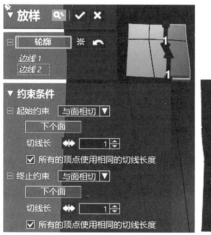

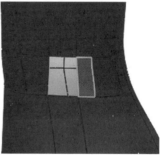

图 3.205　放样 24

3. 自行车把手整体

(1)缝合 8

调用【缝合】命令,【曲面体】选择"面填补 5""放样 24",如图 3.206 所示。

图 3.206　缝合 8

（2）面填补 6

调用【面填补】命令，【边线】选择"放样 24"如图 3.207 所示中空部分边界线填补空隙，【设置连续性约束条件】选择缺口边线，【详细设置】选择"合并结果"。

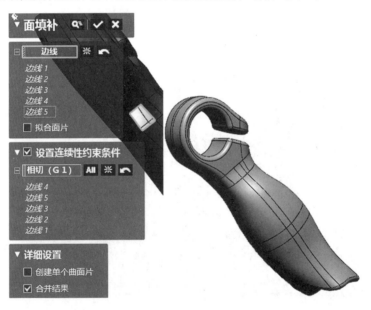

图 3.207　面填补 6

4. 自行车把手【体偏差】检测

选择绘图区上侧工具条【体偏差】命令检测自行车把手建模质量，如图 3.208 所示。

图 3.208　自行车把手建模质量检测

自行车把手
手握部分

把手固定件

素 养 园 地

在当今世界,人类社会与自然环境的关系日益密切。随着工业化和城市化进程的加速,人类对自然资源的依赖程度不断加深,同时也带来了严重的环境问题。因此,推动绿色发展,促进人与自然和谐共生,已成为当前社会发展的重要课题。

绿色发展是以可持续发展为目标,以环境保护为核心,以技术创新为手段,实现经济、社会和环境的协调发展。它强调的是资源的节约、环境的保护和生态的修复,以实现人类社会的可持续发展。

推动绿色发展,需要从多个方面入手。首先,我们需要加强环保意识教育,提高公众对环境保护的认识和重视程度。只有当每个人都认识到环境保护的重要性,才能形成全社会共同参与环保的氛围。其次,我们需要加强科技创新,推动绿色技术的研发和应用。绿色技术是推动绿色发展的重要手段,通过技术创新,我们可以降低环境污染,提高资源利用效率,实现经济的可持续发展。

我国通过强有力的政策支持,鼓励企业采用环保技术,减少污染排放;通过建立绿色发展基金,支持环保项目和绿色产业的发展。同时,我国也大力加强环境监管,确保环保法规的严格执行,保护生态环境。

各行各业也需要推动绿色产业的发展,包括节能环保、清洁能源、绿色交通等新兴产业,这些产业的发展不仅可以创造就业机会,提高经济效益,还可以降低环境污染,实现经济的可持续发展。例如,通过推广清洁能源技术,可以减少化石能源的使用,降低温室气体排放;通过推广绿色交通方式,如公共交通、自行车等,可以减少交通污染,提高城市环境质量。

在生活层面,我们需要倡导绿色生活方式。例如,减少一次性塑料的使用、选择公共交通或自行车出行、合理消费等行为都可以减少环境污染。此外,我们还可以通过推广绿色消费理念,引导消费者选择环保产品和服务,推动绿色消费市场的发展。

推动绿色发展是一个长期的过程,需要全社会的共同努力。在这个过程中,我们需要加强国际合作,共同应对全球环境问题。推动绿色发展是实现人与自然和谐共生的必由之路。只有通过加强环保意识教育、加强科技创新、制定政策法规、推动绿色产业发展和倡导绿色生活方式等手段,才能实现经济、社会和环境的协调发展。让我们共同努力,为我们的地球家园创造一个更加美好的未来。

项目工卡

任务 1　摩托车挡板建模课前预习卡

序号	实现命令	命令要素	结果要求
①			□已理解□需详讲
			□已理解□需详讲
			□已理解□需详讲
			□已理解□需详讲
			□已理解□需详讲
②			□已理解□需详讲
			□已理解□需详讲
			□已理解□需详讲
			□已理解□需详讲
			□已理解□需详讲
			□已理解□需详讲
			□已理解□需详讲
			□已理解□需详讲
			□已理解□需详讲
③			□已理解□需详讲
			□已理解□需详讲
			□已理解□需详讲
			□已理解□需详讲
			□已理解□需详讲
			□已理解□需详讲
			□已理解□需详讲
			□已理解□需详讲
			□已理解□需详讲
④			□已理解□需详讲
			□已理解□需详讲
			□已理解□需详讲
			□已理解□需详讲
			□已理解□需详讲
			□已理解□需详讲
			□已理解□需详讲
			□已理解□需详讲
			□已理解□需详讲

任务 1　摩托车挡板建模课堂互检卡

项目概况

评价项目	实现命令	模型完成程度
①		□已完成 □基本完成 □未完成
		□已完成 □基本完成 □未完成
		□已完成 □基本完成 □未完成
		□已完成 □基本完成 □未完成
		□已完成 □基本完成 □未完成
②		□已完成 □基本完成 □未完成
		□已完成 □基本完成 □未完成
		□已完成 □基本完成 □未完成
		□已完成 □基本完成 □未完成
		□已完成 □基本完成 □未完成
		□已完成 □基本完成 □未完成
		□已完成 □基本完成 □未完成
		□已完成 □基本完成 □未完成
		□已完成 □基本完成 □未完成
③		□已完成 □基本完成 □未完成
		□已完成 □基本完成 □未完成
		□已完成 □基本完成 □未完成
		□已完成 □基本完成 □未完成
		□已完成 □基本完成 □未完成
		□已完成 □基本完成 □未完成
		□已完成 □基本完成 □未完成
④		□已完成 □基本完成 □未完成
		□已完成 □基本完成 □未完成
		□已完成 □基本完成 □未完成
		□已完成 □基本完成 □未完成
		□已完成 □基本完成 □未完成
		□已完成 □基本完成 □未完成
		□已完成 □基本完成 □未完成
		□已完成 □基本完成 □未完成
		□已完成 □基本完成 □未完成

评价等级	A	B	C	D

任务 2　自行车把手建模课前预习卡

项目概况

序号	实现命令	命令要素	结果要求
①			□已理解□需详讲
			□已理解□需详讲
			□已理解□需详讲
			□已理解□需详讲
			□已理解□需详讲
②			□已理解□需详讲
			□已理解□需详讲
			□已理解□需详讲
			□已理解□需详讲
			□已理解□需详讲
			□已理解□需详讲
③			□已理解□需详讲
			□已理解□需详讲
			□已理解□需详讲
			□已理解□需详讲
			□已理解□需详讲
			□已理解□需详讲
			□已理解□需详讲
			□已理解□需详讲
			□已理解□需详讲
			□已理解□需详讲
			□已理解□需详讲
④			□已理解□需详讲
			□已理解□需详讲
			□已理解□需详讲
			□已理解□需详讲
			□已理解□需详讲
			□已理解□需详讲
			□已理解□需详讲
			□已理解□需详讲
			□已理解□需详讲
			□已理解□需详讲
			□已理解□需详讲

任务 2　自行车把手建模课堂互检卡

项目概况		

评价项目	实现命令	模型完成程度
①		□已完成 □基本完成 □未完成
		□已完成 □基本完成 □未完成
		□已完成 □基本完成 □未完成
		□已完成 □基本完成 □未完成
		□已完成 □基本完成 □未完成
②		□已完成 □基本完成 □未完成
		□已完成 □基本完成 □未完成
		□已完成 □基本完成 □未完成
		□已完成 □基本完成 □未完成
		□已完成 □基本完成 □未完成
		□已完成 □基本完成 □未完成
③		□已完成 □基本完成 □未完成
		□已完成 □基本完成 □未完成
		□已完成 □基本完成 □未完成
		□已完成 □基本完成 □未完成
		□已完成 □基本完成 □未完成
		□已完成 □基本完成 □未完成
		□已完成 □基本完成 □未完成
		□已完成 □基本完成 □未完成
		□已完成 □基本完成 □未完成
		□已完成 □基本完成 □未完成
④		□已完成 □基本完成 □未完成
		□已完成 □基本完成 □未完成
		□已完成 □基本完成 □未完成
		□已完成 □基本完成 □未完成
		□已完成 □基本完成 □未完成
		□已完成 □基本完成 □未完成
		□已完成 □基本完成 □未完成
		□已完成 □基本完成 □未完成
		□已完成 □基本完成 □未完成
		□已完成 □基本完成 □未完成

评价等级	A	B	C	D

项目 4　吹风机与眼睛按摩仪的建模

任务 4.1　吹风机建模

课前预习

（1）根据建模过程掌握吹风机零件逆向建模的思路与方法

（2）熟悉知识链接中包含的建模命令

任务描述

根据图 4.1 建模过程完成吹风机零件的逆向建模,文件名为 ＊:\实例文件\零件图档\吹风机.xrl。

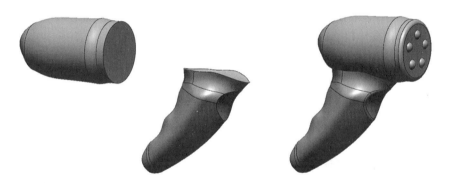

图 4.1　吹风机建模过程

知识链接

（1）【领域】—【插入】

（2）【模型】—【参考几何图形】—【平面】

（3）【草图】—【面片草图】

（4）【模型】—【参考几何图形】—【点】

（5）【3D 草图】—【3D 草图】

（6）【模型】—【创建曲面】—【放样】

（7）【模型】—【向导】—【面片拟合】

（8）【模型】—【编辑】—【剪切曲面】

（9）【模型】—【创建曲面】—【拉伸】

（10）【模型】—【编辑】—【延长曲面】

（11）【模型】—【编辑】—【反转法线】

（12）【模型】—【编辑】—【缝合】

（13）【菜单】—【插入】—【曲面】—【实体化】

（14）【模型】—【阵列】—【镜像】

（15）【草图】—【草图】

（16）【模型】—【编辑】—【曲面偏移】

（17）【模型】—【编辑】—【面填补】

（18）【模型】—【编辑】—【布尔运算】

（19）【模型】—【创建曲面】—【基础曲面】

（20）【模型】—【阵列】—【圆形阵列】

（21）【模型】—【编辑】—【圆角】

建模过程

1. 吹风机机筒

（1）领域组 1

调用【领域】命令,选择图 4.2 所示特征区域,选择命令使用【画笔选择模式】,选择完毕后,点选【编辑】框中【插入】,重复多次,创建多个不同"领域"。

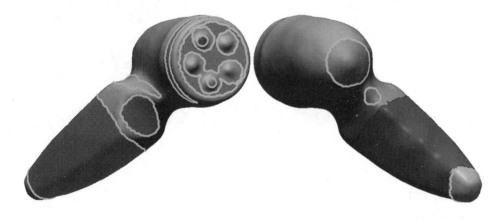

图 4.2　领域组 1

（2）平面 1—平面 5

①平面 1:调用【平面】命令,【要素】选择"右平面",【方法】选择"偏移",【距离】设置为"8 mm"。

②平面 2:调用【平面】命令,【要素】选择"平面 1",【方法】选择"偏移",【距离】设置为"11 mm"。

③平面3：调用【平面】命令，【要素】选择"平面2"，【方法】选择"偏移"，【距离】设置为"13.5 mm"。

④平面4：调用【平面】命令，【要素】选择"平面3"，【方法】选择"偏移"，【距离】设置为"13.5 mm"。

⑤平面5：调用【平面】命令，【要素】选择"平面4"，【方法】选择"偏移"，【距离】设置为"11 mm"。

平面1—平面5如图4.3所示。

图4.3　平面1—平面5

（3）草图1（面片）—草图5（面片）

①草图1（面片）：调用【面片草图】命令，【基准平面】选择"平面1"，【绘制】栏中选择【圆】命令，【中心】设置为(0,0)，【半径】设置为"20.73 mm"，以系统投影线为基准绘制草图。

②草图2（面片）：调用【面片草图】命令，【基准平面】选择"平面2"，【绘制】栏中选择【圆】命令，【中心】设置为(0,0)，【半径】设置为"20.09 mm"，以系统投影线为基准绘制草图。

③草图3（面片）：调用【面片草图】命令，【基准平面】选择"平面3"，【绘制】栏中选择【圆】命令，【中心】设置为(0,0)，【半径】设置为"19.62 mm"，以系统投影线为基准绘制草图。

④草图4（面片）：调用【面片草图】命令，【基准平面】选择"平面4"，【绘制】栏中选择【圆】命令，【中心】设置为(0,0)，【半径】设置为"18.56 mm"，以系统投影线为基准绘制草图。

⑤草图5（面片）：调用【面片草图】命令，【基准平面】选择"平面5"，【绘制】栏中选择【圆】命令，【中心】设置为(0,0)，【半径】设置为"15.11 mm"，以系统投影线为基准绘制草图。

草图1（面片）—草图5（面片）如图4.4所示。

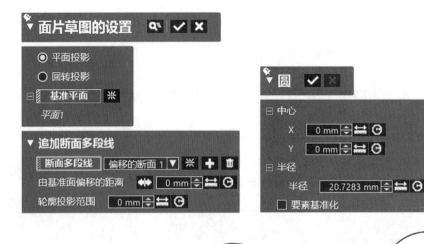

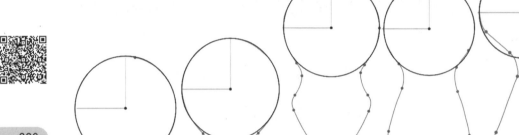

图 4.4　草图 1(面片)—草图 5(面片)

(4)点 1—点 10

调用【点】命令,【要素】选择"前平面"为第一要素,第二要素分别选择"草图 1"至"草图 5",【方法】选择"相交线 & 面",重复 10 次,得到"点 1"至"点 10",如图 4.5 所示。

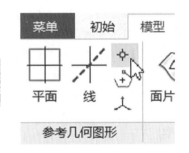

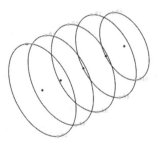

图 4.5　点 1—点 10

(5)3D 草图 1

调用【3D 草图】命令,【绘制】栏中选择【样条曲线】命令,依次点选"点 1""点 3""点 5""点 7""点 9"(上部的 5 个点)创建向导曲线,如图 4.6 所示。

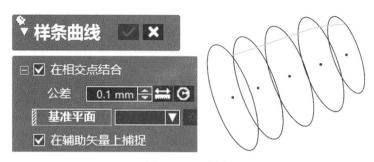

图 4.6　3D 草图 1

（6）放样 1

调用【放样】命令，【轮廓】依次选择"草图 1"至"草图 5"，【向导曲线】选择"3D 草图 1"，如图 4.7 所示。

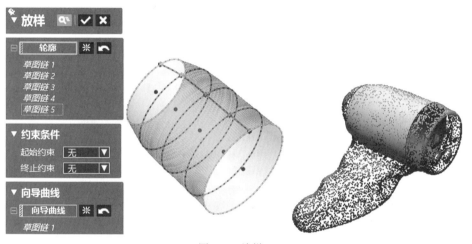

图 4.7　放样 1

（7）面片拟合 1

调用【面片拟合】命令，【领域/单元面】选择如图 4.8 所示区域，【许可偏差】设置为"0.1 mm"，【最大控制点数】设置为"50"。

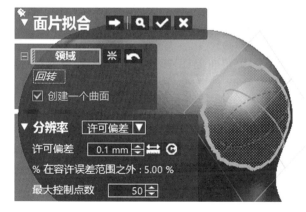

图 4.8　面片拟合 1

（8）平面 6

调用【平面】命令，【要素】选择"平面 5"，【方法】选择"偏移"，【距离】设置为"6.3 mm"，如图 4.9 所示。

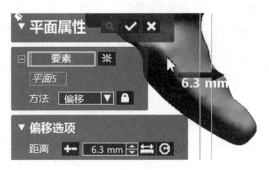

图 4.9　平面 6

（9）剪切曲面 1

调用【剪切曲面】命令，【工具要素】选择"平面 6"，【对象体】选择"面片拟合 1"，点击"下一阶段"，【残留体】选择尾侧，如图 4.10 所示。

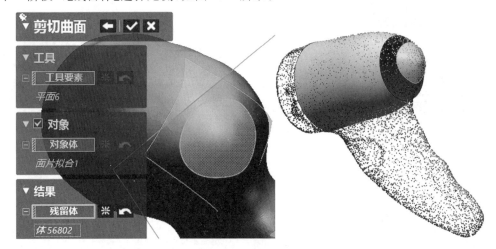

图 4.10　剪切曲面 1

（10）放样 2

调用【放样】命令，【轮廓】选择"放样 1""剪切曲面 1"对应边线，【约束条件】均选择"与面相切"，相切面分别选择"放样 1""剪切曲面 1"，如图 4.11 所示。

222

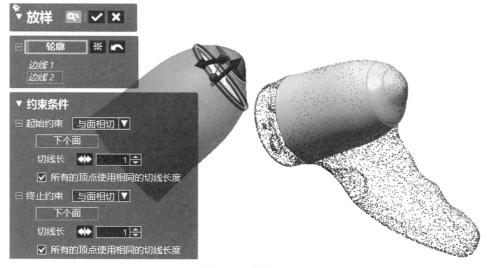

图 4.11　放样 2

(11)草图 6(面片)

调用【面片草图】命令,【基准平面】选择"右平面",【绘制】栏中选择【圆】命令,【中心】设置为(0,0),【半径】设置为"19.62 mm",以系统投影线为基准绘制草图,如图 4.12 所示。

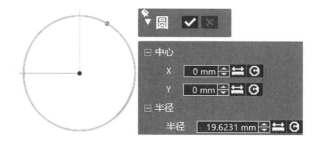

图 4.12　草图 6(面片)

(12)拉伸 1

调用【拉伸】命令,【基准草图】选择"草图 6(面片)",【方向】中【方法】选择"距离",【长度】设置为"7 mm",如图 4.13 所示。

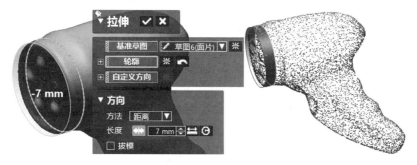

图 4.13　拉伸 1

223

（13）面片拟合 2

调用【面片拟合】命令，【领域/单元面】选择如图 4.14 所示区域，【许可偏差】设置为"0.1 mm"，【最大控制点数】设置为"50"。

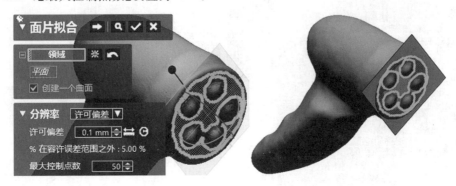

图 4.14　面片拟合 2

（14）延长曲面 1

调用【延长曲面】命令，【边线/面】选择如图 4.15 所示对应边，【终止条件】选择"距离 3.25 mm"，【延长方法】选择"曲率"。

224

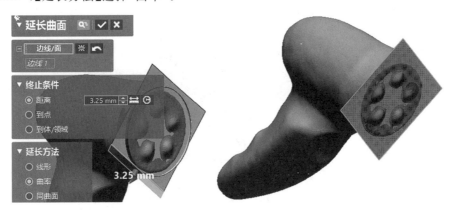

图 4.15　延长曲面 1

（15）放样 3

调用【放样】命令，【轮廓】选择"拉伸 1""放样 1"对应边线，【约束条件】均选择"与面相切"，相切面分别选择"拉伸 1""放样 1"，如图 4.16 所示。

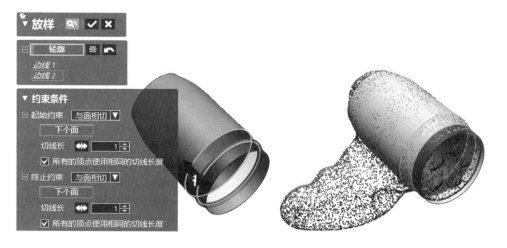

图 4.16　放样 3

（16）反转法线方向 1

调用【反转法线】命令，【曲面体】选择"拉伸 1"，翻转"拉伸 1"曲面方向，如图 4.17 所示。

图 4.17　反转法线方向 1

（17）缝合 1

调用【缝合】命令，【曲面体】选择"剪切曲面 1""放样 1""放样 2""放样 3""拉伸 1"，如图 4.18 所示。

图 4.18　缝合 1

（18）实体化 1

调用【实体化】命令，选择【菜单】【插入】【曲面】【实体化】，进入命令界面后，【要素】选择"放样 3"与"面片拟合 2"，如图 4.19 所示。

225

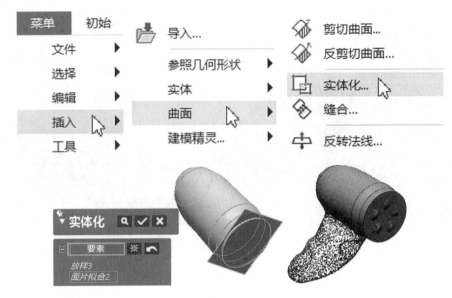

图 4.19　实体化 1

2. 吹风机握手

（1）草图 7（面片）

调用【面片草图】命令，【基准平面】选择"前平面"，【绘制】栏中选择【样条曲线】命令，以系统投影线为基准绘制草图，如图 4.20 所示。

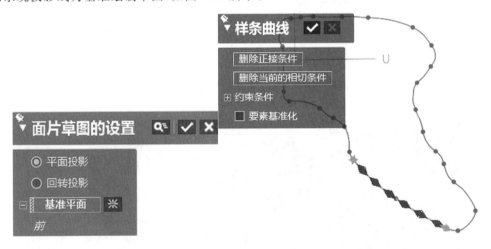

图 4.20　草图 7（面片）

（2）3D 草图 2

调用【3D 草图】命令，【绘制】栏中选择【断面】命令，选择"沿曲线 N 等分"，【路径曲线】选择"草图 7（面片）"，【详细方法】选择"平均"，【选项】中【断面数】设置为"10"，选择"等间隔""显示断面的基本几何形状"，绘制如图 4.21 所示曲线。

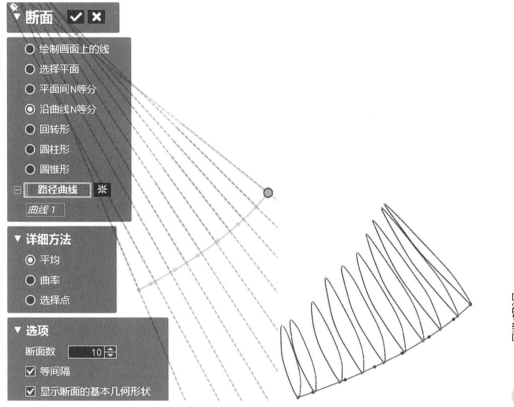

图 4.21　3D 草图 2

（3）放样 4

调用【放样】命令，【轮廓】依次选择"3D 草图 2"10 根曲线，如图 4.22 所示。

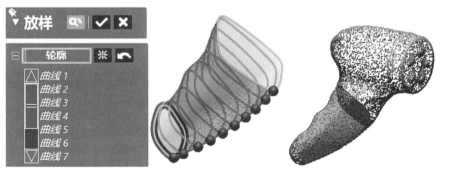

图 4.22　放样 4

（4）面片拟合 3

调用【面片拟合】命令，【领域/单元面】选择如图 4.23 所示区域，【许可偏差】设置为"0.1 mm"，【最大控制点数】设置为"50"。

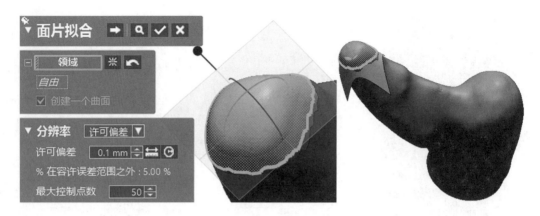

图 4.23　面片拟合 3

（5）草图 8

调用【草图】命令，【基准平面】选择"前平面"，进入草图界面后，选择【直线】命令绘制如图 4.24 所示曲线。

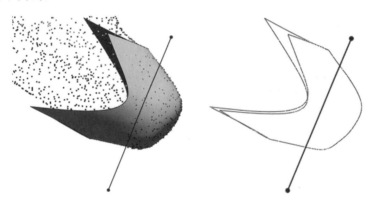

图 4.24　草图 8

（6）拉伸 2

调用【拉伸】命令，【基准草图】选择"草图 8（面片）"，【方向】中【方法】选择"距离"，【长度】设置为"12.3 mm"，【反方向】中【长度】设置为"9.4 mm"，如图 4.25 所示。

228

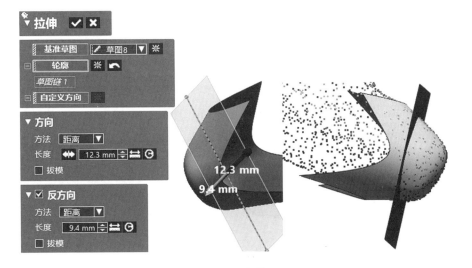

图 4.25　拉伸 2

（7）剪切曲面 2

调用【剪切曲面】命令，【工具要素】选择"拉伸 2"，【对象体】选择"面片拟合 3"，点击"下一阶段"，【残留体】选择下侧，如图 4.26 所示。

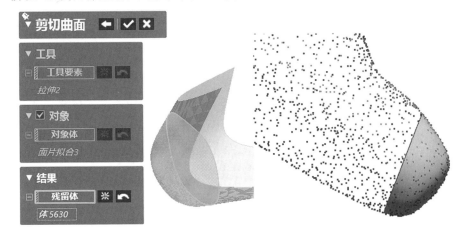

图 4.26　剪切曲面 2

（8）放样 5

用【放样】命令，【轮廓】"剪切曲面 2""放样 4"对应边线，【约束条件】均选择"与面相切"，相切面分别选择"剪切曲面 2""放样 4"，如图 4.27 所示。

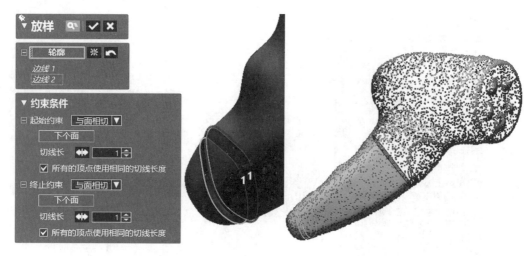

图 4.27 放样 5

（9）面片拟合 4

调用【面片拟合】命令，【领域/单元面】选择如图 4.28 所示区域，【许可偏差】设置为"0.1 mm"，【最大控制点数】设置为"50"。

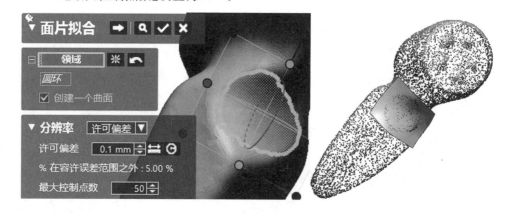

图 4.28 面片拟合 4

（10）面片拟合 5

调用【面片拟合】命令，【领域/单元面】选择如图 4.29 所示区域，【许可偏差】设置为"0.1 mm"，【最大控制点数】设置为"50"。

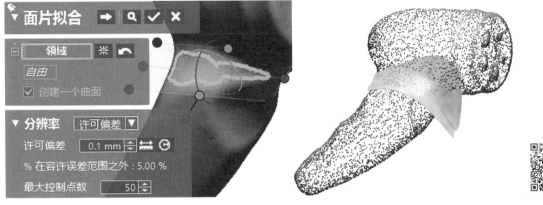

图 4.29 　面片拟合 5

(11)镜像 1

调用【镜像】命令,【体】选择"面片拟合 5",【对称平面】选择"前平面",如图 4.30 所示。

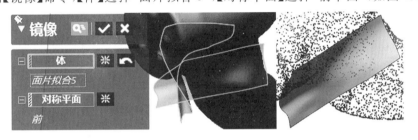

图 4.30 　镜像 1

231

(12)剪切曲面 3

调用【剪切曲面】命令,【工具要素】选择"面片拟合 4""面片拟合 5""镜像 1",【对象体】选择"面片拟合 4""面片拟合 5""镜像 1",点击"下一阶段",【残留体】选择后侧,如图 4.31 所示。

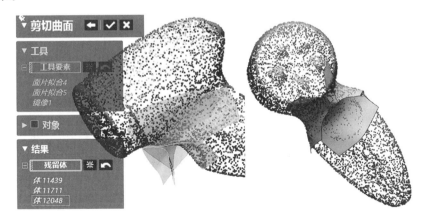

图 4.31 　剪切曲面 3

（13）草图 9

调用【草图】命令，【基准平面】选择"前平面"，进入草图界面后，选择【直线】命令绘制如图 4.32 所示曲线。

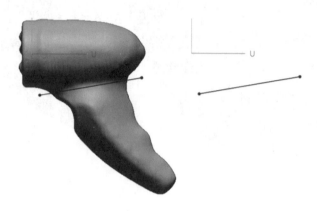

图 4.32　草图 9

（14）拉伸 3

调用【拉伸】命令，【基准草图】选择"草图 9"，【方向】中【方法】选择"距离"，【长度】设置为"17.5 mm"，【反方向】中【长度】设置为"22.5 mm"，如图 4.33 所示。

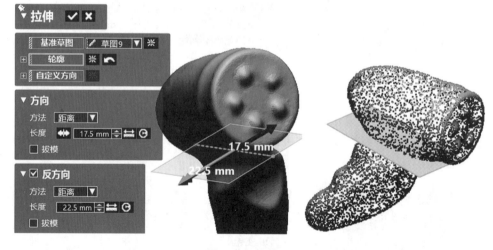

图 4.33　拉伸 3

（15）延长曲面 2

调用【延长曲面】命令，【边线/面】选择如图 4.34 所示对应边，【终止条件】选择"距离 8.75 mm"，【延长方法】选择"曲率"。

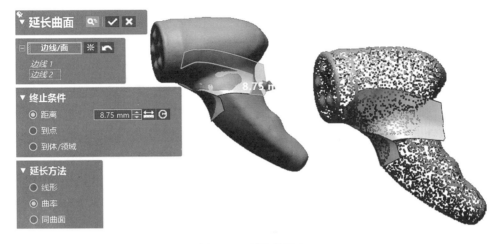

图 4.34　延长曲面 2

（16）延长曲面 3

调用【延长曲面】命令，【边线/面】选择如图 4.35 所示对应边，【终止条件】选择"距离 8.75 mm"，【延长方法】选择"曲率"。

233

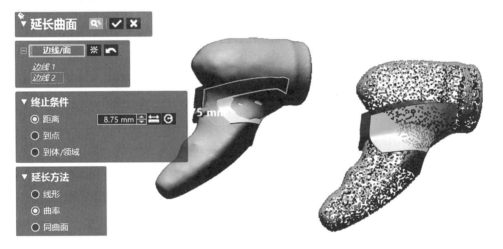

图 4.35　延长曲面 3

（17）剪切曲面 4

调用【剪切曲面】命令，【工具要素】选择"拉伸 3"，【对象体】选择"剪切曲面 3"，点击"下一阶段"，【残留体】选择下侧，如图 4.36 所示。

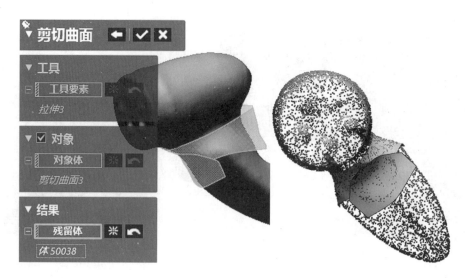

图 4.36　剪切曲面 4

(18)曲面偏移 1

调用【曲面偏移】命令,【面】选择"面片拟合 5""镜像 1",【偏移距离】设置为"0 mm",【详细设置】选择"删除原始面",如图 4.37 所示。

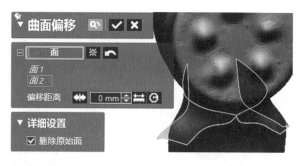

图 4.37　曲面偏移 1

(19)3D 草图 3

调用【3D 草图】命令,【绘制】栏中选择【样条曲线】命令,在"面片拟合 4"上创建如图 4.38 所示曲线。

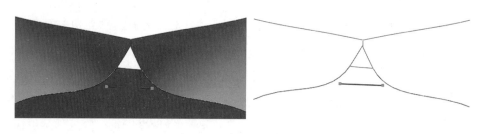

图 4.38　3D 草图 3

(20)剪切曲面 5

调用【剪切曲面】命令,【工具要素】选择"3D 草图 3",【对象体】选择"剪切曲面 4",点击"下一阶段",【残留体】选择下侧,如图 4.39 所示。

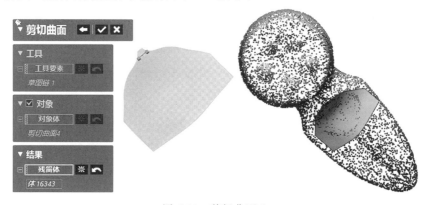

图 4.39　剪切曲面 5

(21)3D 草图 4

调用【3D 草图】命令,【绘制】栏中选择【样条曲线】命令,在"曲面偏移 1"上创建如图 4.40 所示曲线。

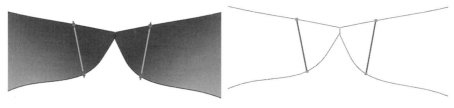

图 4.40　3D 草图 4

(22)剪切曲面 6

调用【剪切曲面】命令,【工具要素】选择"3D 草图 4",【对象体】选择"曲面偏移 1",点击"下一阶段",【残留体】选择外侧,如图 4.41 所示。

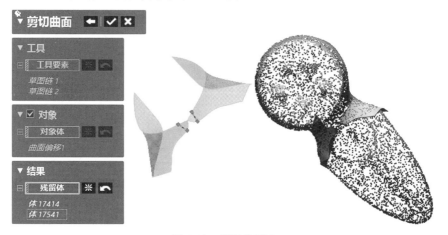

图 4.41　剪切曲面 6

235

（23）放样 6

调用【放样】命令，【轮廓】选择"剪切曲面 6"两侧曲面对应边线，【约束条件】均选择"与面相切"，相切面分别选择"剪切曲面 6"两侧曲面，如图 4.42 所示。

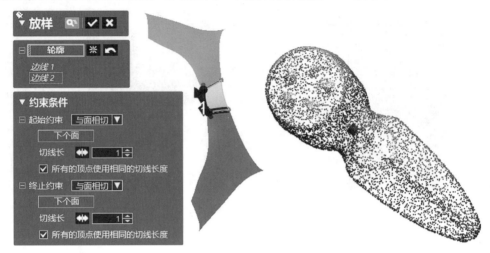

图 4.42　放样 6

（24）反转法线方向 2

调用【反转法线】命令，【曲面体】选择"放样 6"，翻转"放样 6"曲面方向，如图 4.43 所示。

图 4.43　反转法线方向 2

（25）3D 草图 5

调用【3D 草图】命令，【绘制】栏中选择【样条曲线】命令，在"放样 6"上创建如图 4.44 所示曲线。

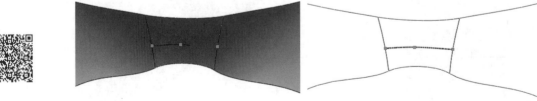

图 4.44　3D 草图 5

（26）剪切曲面7

调用【剪切曲面】命令，【工具要素】选择"3D 草图 5"，【对象体】选择"放样 6"，点击"下一阶段"，【残留体】选择上侧，如图 4.45 所示。

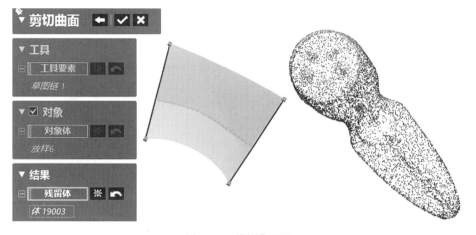

图 4.45　剪切曲面 7

（27）缝合 2

调用【缝合】命令，【曲面体】选择"剪切曲面 5""剪切曲面 6_1""剪切曲面6_2""剪切曲面 7"，如图 4.46 所示。

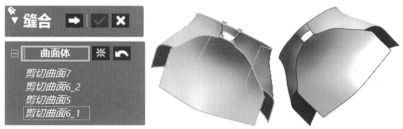

图 4.46　缝合 2

237

（28）面填补 1

调用【面填补】命令，【边线】选择"缝合 2"中空部分边界线填补空隙，如图 4.47 所示。

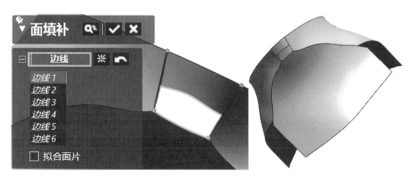

图 4.47　面填补 1

(29)延长曲面 4

调用【延长曲面】命令,【边线/面】选择如图 4.48 所示对应边,【终止条件】选择"距离 12.8 mm",【延长方法】选择"曲率"。

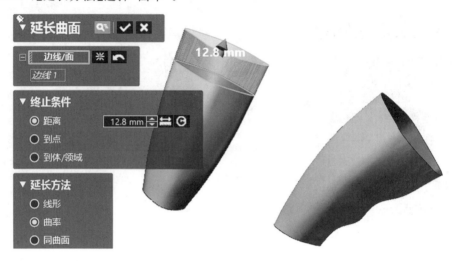

图 4.48　延长曲面 4

(30)剪切曲面 8

调用【剪切曲面】命令,【工具要素】选择"面填补 1",【对象体】选择"放样 4",点击"下一阶段",【残留体】选择下侧,如图 4.49 所示。

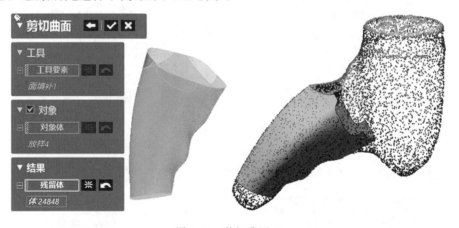

图 4.49　剪切曲面 8

(31)草图 10

调用【草图】命令,【基准平面】选择"前平面",进入草图界面后,选择【直线】命令绘制如图 4.50 所示曲线。

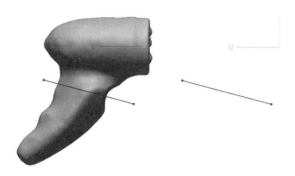

图 4.50   草图 10

（32）拉伸 4

调用【拉伸】命令，【基准草图】选择"草图 10"，【方向】中【方法】选择"距离"，【长度】设置为"19 mm"，【反方向】中【长度】设置为"22.5 mm"，如图 4.51 所示。

239

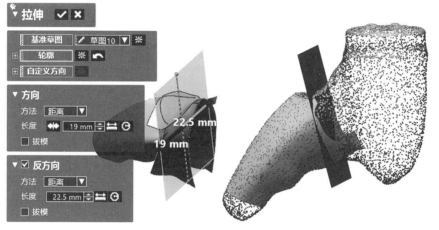

图 4.51   拉伸 4

（33）剪切曲面 9

调用【剪切曲面】命令，【工具要素】选择"拉伸 4"，【对象体】选择"剪切曲面 8"，点击"下一阶段"，【残留体】选择下侧，如图 4.52 所示。

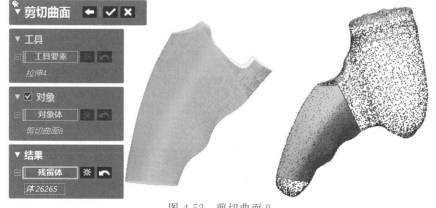

图 4.52   剪切曲面 9

（34）草图 11

调用【草图】命令，【基准平面】选择"前平面"，进入草图界面后，选择【直线】命令绘制如图 4.53 所示曲线。

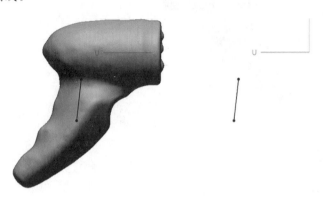

图 4.53　草图 11

（35）拉伸 5

调用【拉伸】命令，【基准草图】选择"草图 11"，【方向】中【方法】选择"距离"，【长度】设置为"25.35 mm"，【反方向】中【长度】设置为"22.5 mm"，如图 4.54 所示。

240

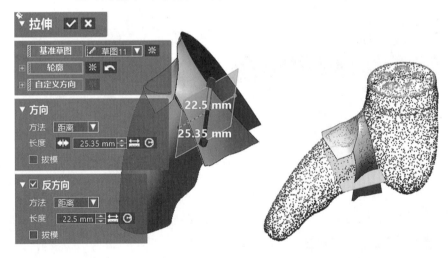

图 4.54　拉伸 5

（36）剪切曲面 10

调用【剪切曲面】命令，【工具要素】选择"拉伸 5"，【对象体】选择"面填补 1"，点击"下一阶段"，【残留体】选择前侧，如图 4.55 所示。

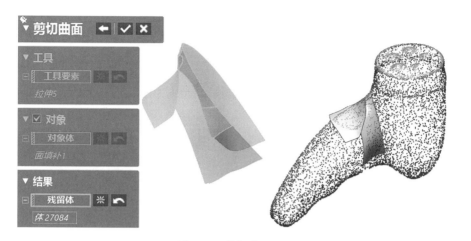

图 4.55　剪切曲面 10

(37)面片拟合 6

调用【面片拟合】命令,【领域/单元面】选择如图 4.56 所示区域,【许可偏差】设置为"0.1 mm",【最大控制点数】设置为"50"。

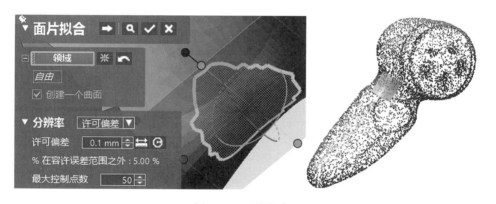

图 4.56　面片拟合 6

(38)草图 12

调用【草图】命令,【基准平面】选择"右平面",进入草图界面后,选择【矩形】命令绘制如图 4.57 所示曲线。

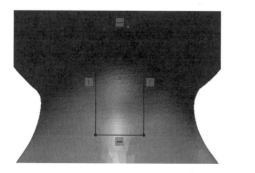

图 4.57　草图 12

（39）拉伸 6

调用【拉伸】命令，【基准草图】选择"草图 12"，【方向】中【方法】选择"距离"，【长度】设置为"70 mm"，如图 4.58 所示。

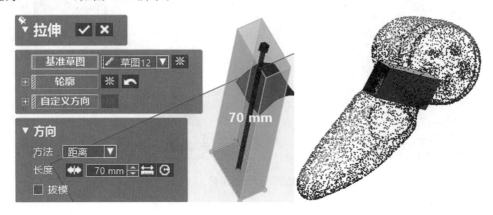

图 4.58　拉伸 6

（40）剪切曲面 11

调用【剪切曲面】命令，【工具要素】选择"拉伸 6"，【对象体】选择"面片拟合 6"，点击"下一阶段"，【残留体】选择内侧，如图 4.59 所示。

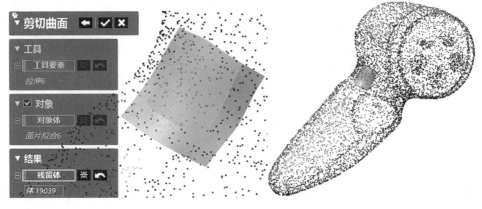

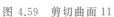

图 4.59　剪切曲面 11

（41）剪切曲面 12

调用【剪切曲面】命令，【工具要素】选择"拉伸 3"，【对象体】选择"剪切曲面 11"，点击"下一阶段"，【残留体】选择内侧，如图 4.60 所示。

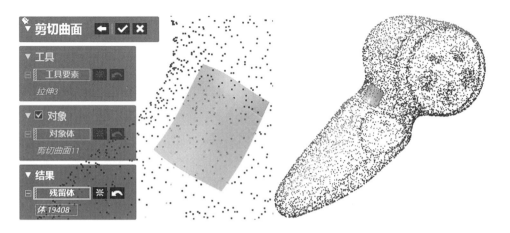

图 4.60　剪切曲面 12

(42)3D 草图 6

调用【3D 草图】命令,【绘制】栏中选择【样条曲线】命令,在"曲面偏移 1"上创建如图 4.61 所示曲线。

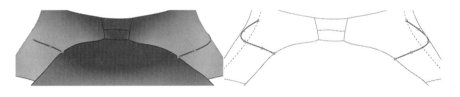

图 4.61　3D 草图 6

(43)曲面偏移 2

调用【曲面偏移】命令,【面】选择"曲面偏移 1"两侧面,【偏移距离】设置为"0 mm",【详细设置】选择"删除原始面",如图 4.62 所示。

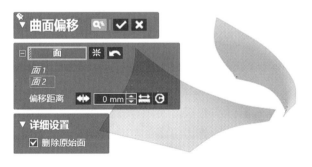

图 4.62　曲面偏移 2

(44)剪切曲面 13

调用【剪切曲面】命令,【工具要素】选择"3D 草图 6"两曲线,【对象体】选择"曲面偏移 2_1""曲面偏移 2_2",点击"下一阶段",【残留体】选择上侧,如图 4.63 所示。

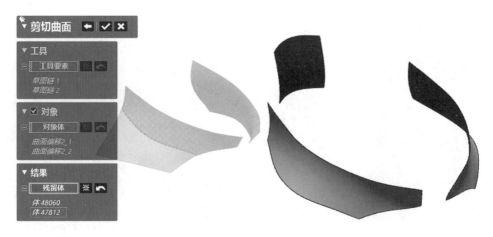

图 4.63　剪切曲面 13

（45）放样 7

调用【放样】命令,【轮廓】选择"剪切曲面 11""曲面偏移 2"对应边线,【约束条件】均选择"与面相切",相切面分别选择"剪切曲面 11""曲面偏移 2",如图 4.64 所示。

图 4.64　放样 7

（46）放样 8

调用【放样】命令,【轮廓】选择"剪切曲面 11""曲面偏移 2"对应边线,【约束条件】均选择"与面相切",相切面分别选择"剪切曲面 11""曲面偏移 2",如图 4.65 所示。

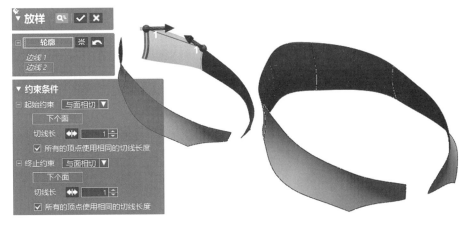

图 4.65　放样 8

（47）缝合 3

调用【缝合】命令，【曲面体】选择"剪切曲面 10""剪切曲面 12""剪切曲面 13_1""剪切曲线 13_2""放样 7""放样 8"，如图 4.66 所示。

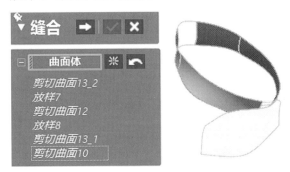

图 4.66　缝合 3

（48）放样 9

调用【放样】命令，【轮廓】选择"缝合 3""剪切曲面 9"对应边线，【约束条件】均选择"与面相切"，相切面分别选择"缝合 3""剪切曲面 9"，如图 4.67 所示。

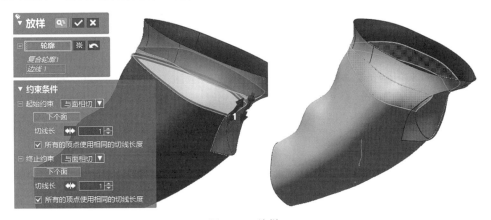

图 4.67　放样 9

(49)剪切曲面 14

调用【剪切曲面】命令,【工具要素】选择"放样 8""放样 9""剪切曲面 9",【对象体】选择"放样 8""放样 9""剪切曲面 9",点击"下一阶段",【残留体】选择内侧,如图 4.68 所示。

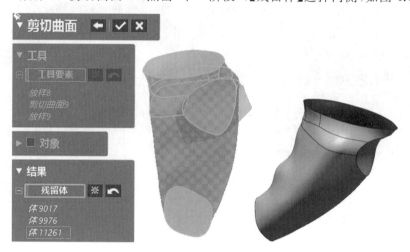

图 4.68　剪切曲面 14

(50)缝合 4

调用【缝合】命令,【曲面体】选择"剪切曲面 2""剪切曲面 14""放样 5",如图 4.69 所示。

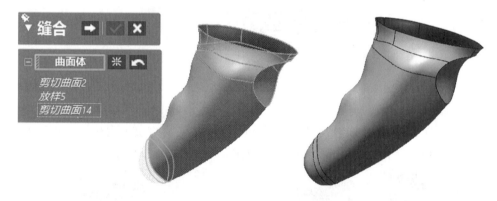

图 4.69　缝合 4

(51)延长曲面 5

调用【延长曲面】命令,【边线/面】选择如图 4.70 所示对应边,【终止条件】选择"距离 12.8 mm",【延长方法】选择"曲率"。

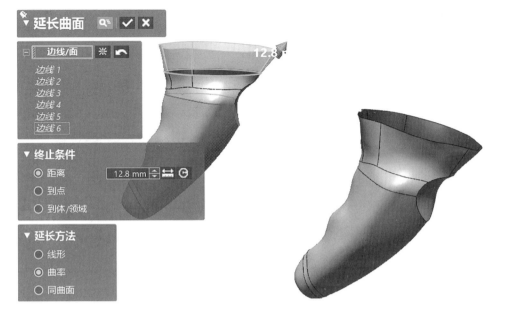

图 4.70　延长曲面 5

(52)曲面偏移 3

调用【曲面偏移】命令,【面】选择"剪切曲面 1""放样 1""放样 2",【偏移距离】设置为"0 mm",如图 4.71 所示。

247

图 4.71　曲面偏移 3

(53)实体化 2

调用【实体化】命令,选择【菜单】【插入】【曲面】【实体化】,进入命令界面后;【要素】选择"剪切曲面 14""曲面偏移 3",如图 4.72 所示。

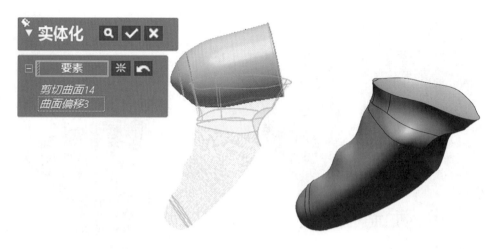

图 4.72　实体化 2

(54)布尔运算 1(合并)

调用【布尔运算】命令,【操作方法】选择"合并",【工具要素】选择"放样 3""曲面偏移 3",如图 4.73 所示。

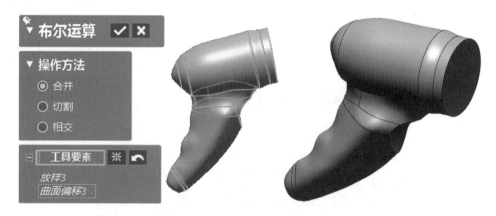

图 4.73　布尔运算 1(合并)

3. 吹风机机头

(1)球 1

调用【基础曲面】命令,【领域】选择"前端球形凸起",【提取形状】选择"球",点击"下一阶段",点击"确定",如图 4.74 所示。

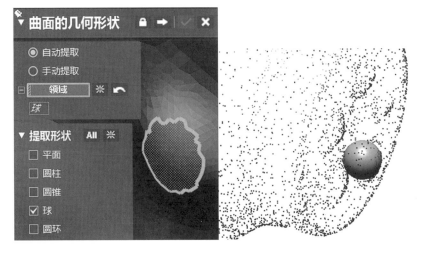

图 4.74　球 1

（2）圆形草图阵列 1

调用【圆形阵列】命令，【体】选择"球 1"，【回转轴】选择"前平面和上平面的交线'线2'"，【要素数】设置为"5"，【合计角度】设置为"360°"，选择"等间隔""用轴回转"，如图 4.75所示。

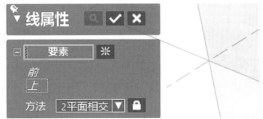
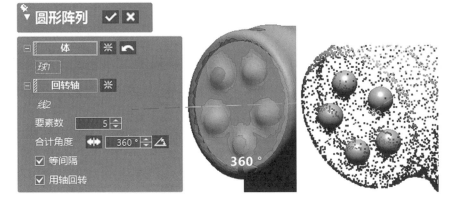

图 4.75　圆形草图阵列 1

（3）布尔运算 2（合并）

调用【布尔运算】命令，【操作方法】选择"合并"，【工具要素】选择"球 1""圆形草图阵列1_1""圆形草图阵列 1_2""圆形草图阵列 1_3""圆形草图阵列 1_4""曲面偏移 3"，如图

4.76 所示。

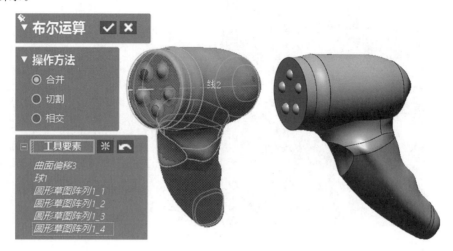

图 4.76　布尔运算 2(合并)

(4)圆角 1(恒定)、圆角 2(恒定)

调用【圆角】命令,选择"固定圆角",【圆角要素设置】选择如图 4.77 所示,【半径】设置为"2.5 mm",【选项】选择"切线扩张"。

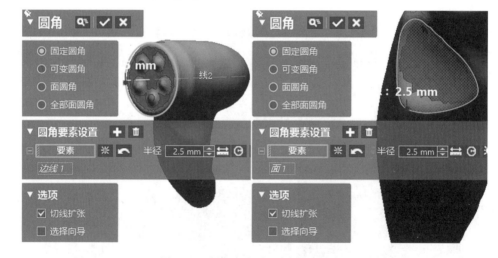

图 4.77　圆角 1(恒定)、圆角 2(恒定)

4. 吹风机【体偏差】检测

选择绘图区上侧工具条【体偏差】命令检测吹风机建模质量,如图 4.78 所示。

吹风机
机身

吹风机
机柄1

图 4.78　吹风机建模质量检测

吹风机
机柄2

任务 4.2　眼睛按摩仪建模

课前预习

(1)根据建模过程掌握眼睛按摩仪零件逆向建模的思路与方法
(2)熟悉知识链接中包含的建模命令

任务描述

根据图 4.79 建模过程完成眼睛按摩仪零件的逆向建模,文件名为 ∗ :\实例文件\零件图档\眼睛按摩仪.xrl。

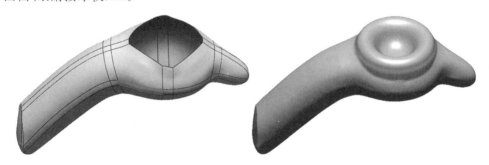

图 4.79　眼睛按摩仪建模过程

知识链接

(1)【草图】—【草图】
(2)【模型】—【创建曲面】—【拉伸】
(3)【模型】—【编辑】—【曲面偏移】
(4)【领域】—【插入】

（5）【模型】—【向导】—【面片拟合】

（6）【模型】—【编辑】—【剪切曲面】

（7）【模型】—【编辑】—【延长曲面】

（8）【模型】—【创建曲面】—【放样】

（9）【模型】—【编辑】—【缝合】

（10）【模型】—【编辑】—【面填补】

（11）【模型】—【参考几何图形】—【平面】

（12）【模型】—【阵列】—【镜像】

（13）【模型】—【编辑】—【圆角】

（14）【草图】—【面片草图】

（15）【模型】—【创建曲面】—【回转】

（16）【模型】—【体/面】—【删除面】

（17）【3D 草图】—【3D 草图】

建模过程

1. 眼睛按摩仪柄身

（1）草图 1

调用【草图】命令，【基准平面】选择"前平面"，进入草图界面后，选择【直线】【样条曲线】命令，绘制如图 4.80 所示草图。

252

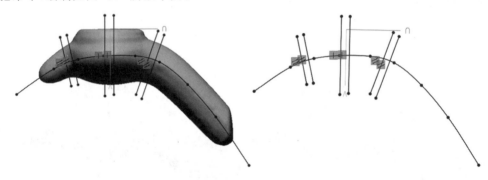

图 4.80　草图 1

（2）拉伸 1

调用【拉伸】命令，【基准草图】选择"草图 1"，【方向】中【方法】选择"距离"，【长度】设置为"43 mm"，如图 4.81 所示。

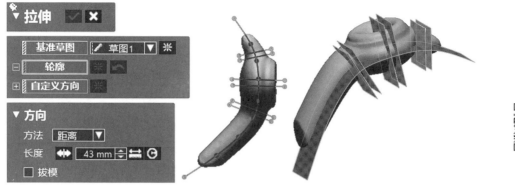

图 4.81   拉伸 1

（3）曲面偏移 1

调用【曲面偏移】命令，【面】选择"拉伸 1"，【偏移距离】设置为"2 mm"，如图4.82所示。

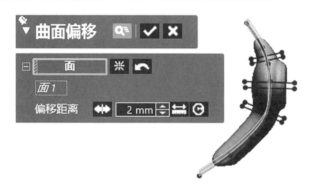

253

图 4.82   曲面偏移 1

（4）曲面偏移 2

调用【曲面偏移】命令，【面】选择"拉伸 1_1"，【偏移距离】设置为"2 mm"（与上一步骤偏移方向相反），如图4.83 所示。

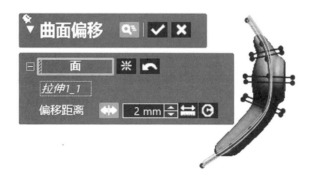

图 4.83   曲面偏移 2

（5）领域组 1

调用【领域】命令，选择图 4.84 所示特征区域，选择命令使用【画笔选择模式】，选择完毕后，点选【编辑】框中【插入】，重复多次，创建多个不同"领域"。

图 4.84　领域组 1

（6）面片拟合 1

调用【面片拟合】命令，【领域/单元面】选择如图 4.85 所示区域，【许可偏差】设置为"0.1 mm"，【最大控制点数】设置为"50"。

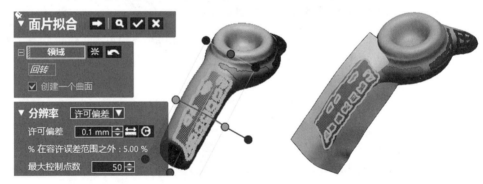

图 4.85　面片拟合 1

（7）面片拟合 2

调用【面片拟合】命令，【领域/单元面】选择如图 4.86 所示区域，【许可偏差】设置为"0.1 mm"，【最大控制点数】设置为"50"。

254

图 4.86　面片拟合 2

（8）面片拟合 3

调用【面片拟合】命令，【领域/单元面】选择如图 4.87 所示区域，【许可偏差】设置为 "0.1 mm"，【最大控制点数】设置为 "50"。

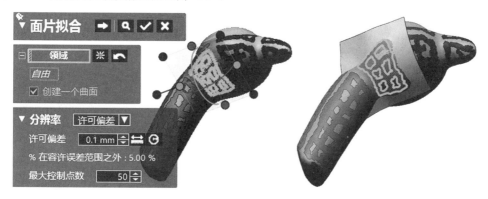

255

图 4.87　面片拟合 3

（9）面片拟合 4

调用【面片拟合】命令，【领域/单元面】选择如图 4.88 所示区域，【许可偏差】设置为 "0.1 mm"，【最大控制点数】设置为 "50"。

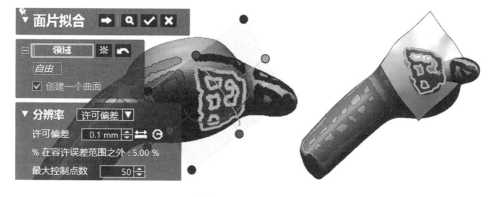

图 4.88　面片拟合 4

（10）面片拟合 5

调用【面片拟合】命令，【领域/单元面】选择如图 4.89 所示区域，【许可偏差】设置为
"0.1 mm"，【最大控制点数】设置为"50"。

图 4.89　面片拟合 5

（11）面片拟合 6

调用【面片拟合】命令，【领域/单元面】选择如图 4.90 所示区域，【许可偏差】设置为
"0.1 mm"，【最大控制点数】设置为"50"。

图 4.90　面片拟合 6

（12）面片拟合 7

调用【面片拟合】命令，【领域/单元面】选择如图 4.91 所示区域，【许可偏差】设置为
"0.1 mm"，【最大控制点数】设置为"50"。

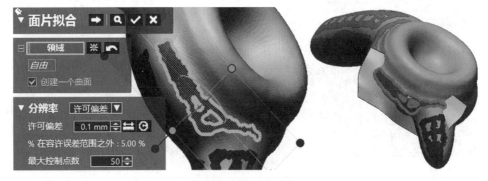

图 4.91　面片拟合 7

（13）面片拟合 8

调用【面片拟合】命令，【领域/单元面】选择如图 4.92 所示区域，【许可偏差】设置为"0.1 mm"，【最大控制点数】设置为"50"。

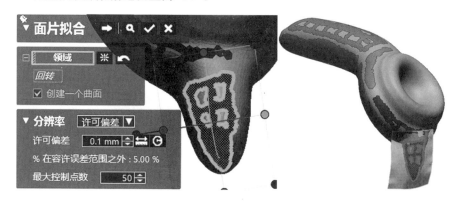

图 4.92　面片拟合 8

（14）剪切曲面 1

调用【剪切曲面】命令，【工具要素】选择"曲面偏移 2""曲面偏移 1""拉伸 1""上平面"，【对象体】选择"面片拟合 1""面片拟合 2""面片拟合 3""面片拟合 4""面片拟合 5""面片拟合 6""面片拟合 7""面片拟合 8"，点击"下一阶段"，【残留体】选择内侧，如图 4.93 所示。

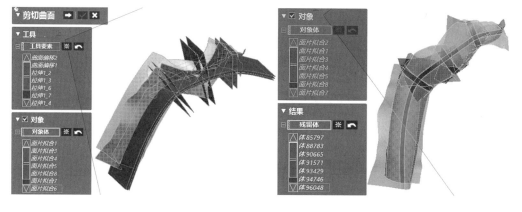

图 4.93　剪切曲面 1

（15）延长曲面 1

调用【延长曲面】命令，【边线/面】选择如图 4.94 所示对应边，【终止条件】选择"距离 7 mm"，【延长方法】选择"线形"。

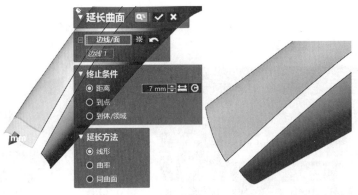

图 4.94　延长曲面 1

(16) 放样 1

调用【放样】命令,【轮廓】选择"剪切曲面 1"对应边线,【约束条件】均选择"与面相切",相切面分别选择"剪切曲面 1"对应曲面,如图 4.95 所示。

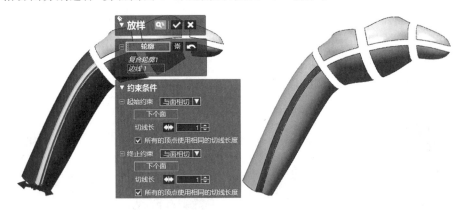

图 4.95　放样 1

(17) 放样 2

调用【放样】命令,【轮廓】选择"剪切曲面 1"对应边线,【约束条件】均选择"与面相切",相切面分别选择"剪切曲面 1"对应曲面,如图 4.96 所示。

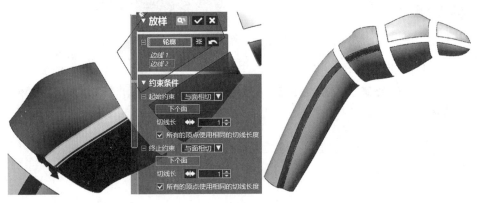

图 4.96　放样 2

（18）放样 3

调用【放样】命令，【轮廓】选择"剪切曲面 1"对应边线，【约束条件】均选择"与面相切"，相切面分别选择"剪切曲面 1"对应曲面，如图 4.97 所示。

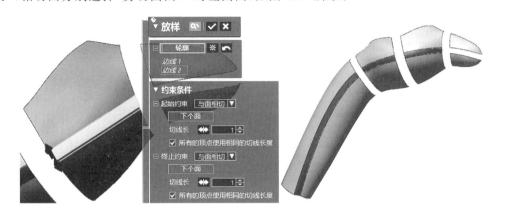

图 4.97　放样 3

（19）放样 4

调用【放样】命令，【轮廓】选择"剪切曲面 1"对应边线，【约束条件】均选择"与面相切"，相切面分别选择"剪切曲面 1"对应曲面，如图 4.98 所示。

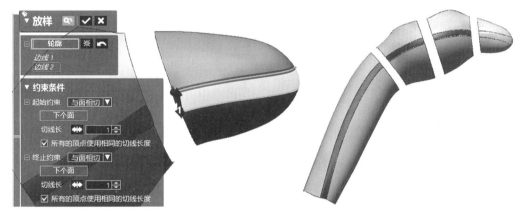

图 4.98　放样 4

（20）放样 5

调用【放样】命令，【轮廓】选择"剪切曲面 1"对应边线，【约束条件】均选择"与面相切"，相切面分别选择"剪切曲面 1"对应曲面，如图 4.99 所示。

图 4.99　放样 5

（21）放样 6

调用【放样】命令，【轮廓】选择"剪切曲面 1"对应边线，【约束条件】均选择"与面相切"，相切面分别选择"剪切曲面 1"对应曲面，如图 4.100 所示。

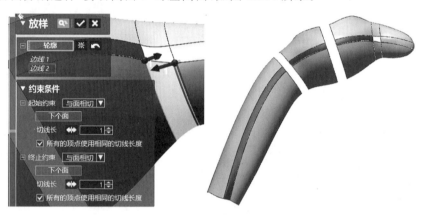

图 4.100　放样 6

（22）放样 7

调用【放样】命令，【轮廓】选择"剪切曲面 1"对应边线，【约束条件】均选择"与面相切"，相切面分别选择"剪切曲面 1"对应曲面，如图 4.101 所示。

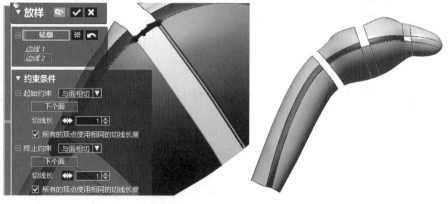

图 4.101　放样 7

260

（23）放样 8

调用【放样】命令,【轮廓】选择"剪切曲面 1"对应边线,【约束条件】均选择"与面相切",相切面分别选择"剪切曲面 1"对应曲面,如图 4.102 所示。

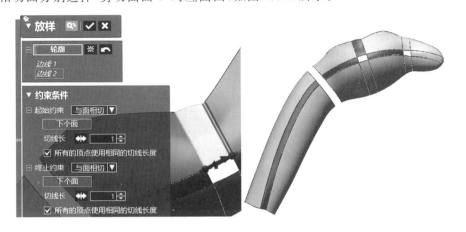

图 4.102　放样 8

（24）放样 9

调用【放样】命令,【轮廓】选择"剪切曲面 1"对应边线,【约束条件】均选择"与面相切",相切面分别选择"剪切曲面 1"对应曲面,如图 4.103 所示。

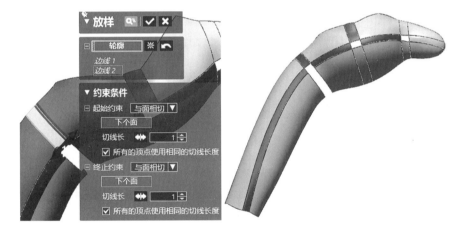

261

图 4.103　放样 9

（25）放样 10

调用【放样】命令,【轮廓】选择"剪切曲面 1"对应边线,【约束条件】均选择"与面相切",相切面分别选择"剪切曲面 1"对应曲面,如图 4.104 所示。

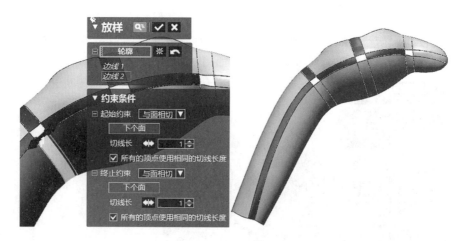

图 4.104　放样 10

（26）延长曲面 2

调用【延长曲面】命令，【边线/面】选择如图 4.105 所示对应边，【终止条件】选择"距离 1 mm"，【延长方法】选择"线形"。

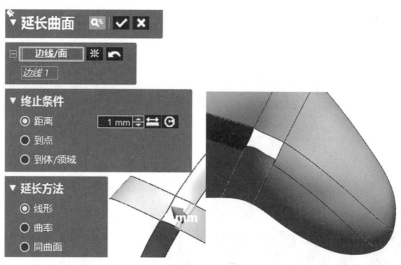

图 4.105　延长曲面 2

（27）延长曲面 3

调用【延长曲面】命令，【边线/面】选择如图 4.106 所示对应边，【终止条件】选择"距离 1 mm"，【延长方法】选择"线形"。

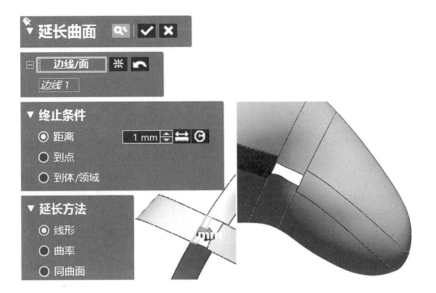

图 4.106　　延长曲面 3

(28)延长曲面 4

调用【延长曲面】命令,【边线/面】选择如图 4.107 所示对应边,【终止条件】选择"距离1 mm",【延长方法】选择"线形"。

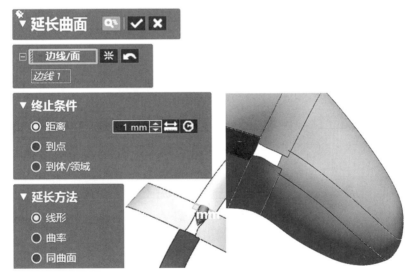

图 4.107　　延长曲面 4

(29)延长曲面 5

调用【延长曲面】命令,【边线/面】选择如图 4.108 所示对应边,【终止条件】选择"距离1 mm",【延长方法】选择"线形"。

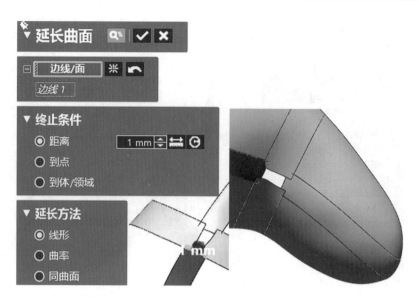

图 4.108　延长曲面 5

（30）延长曲面 6

调用【延长曲面】命令，【边线/面】选择如图 4.109 所示对应边，【终止条件】选择"距离
1 mm"，【延长方法】选择"线形"。

264

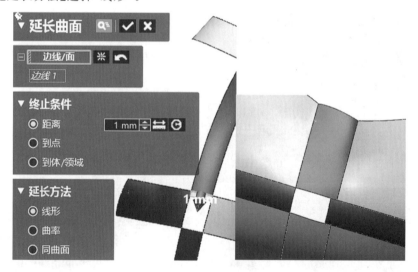

图 4.109　延长曲面 6

（31）延长曲面 7

调用【延长曲面】命令，【边线/面】选择如图 4.110 所示对应边，【终止条件】选择"距离
1 mm"，【延长方法】选择"线形"。

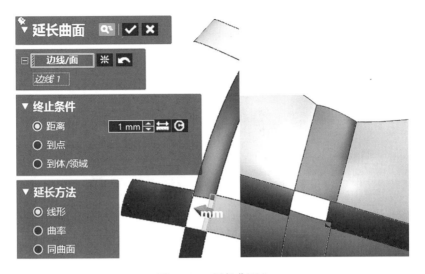

图 4.110　延长曲面 7

（32）延长曲面 8

调用【延长曲面】命令,【边线/面】选择如图 4.111 所示对应边,【终止条件】选择"距离 1 mm",【延长方法】选择"线形"。

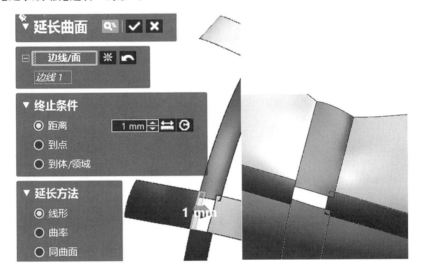

图 4.111　延长曲面 8

（33）延长曲面 9

调用【延长曲面】命令,【边线/面】选择如图 4.112 所示对应边,【终止条件】选择"距离 1 mm",【延长方法】选择"线形"。

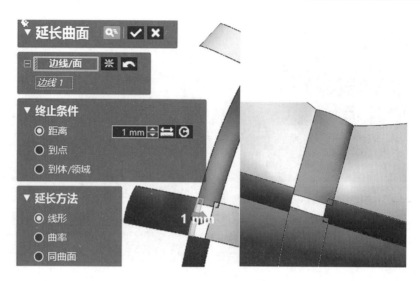

图 4.112　延长曲面 9

(34)延长曲面 10

调用【延长曲面】命令,【边线/面】选择如图 4.113 所示对应边,【终止条件】选择"距离 1 mm",【延长方法】选择"线形"。

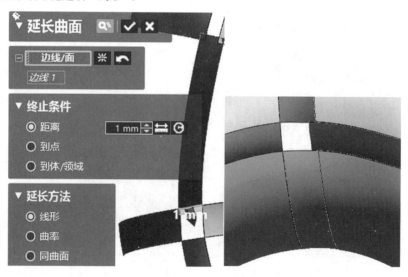

图 4.113　延长曲面 10

(35)延长曲面 11

调用【延长曲面】命令,【边线/面】选择如图 4.114 所示对应边,【终止条件】选择"距离 1 mm",【延长方法】选择"线形"。

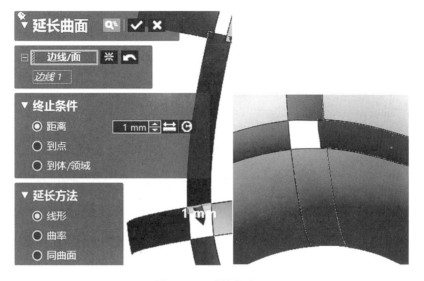

图 4.114   延长曲面 11

（36）延长曲面 12

调用【延长曲面】命令，【边线/面】选择如图 4.115 所示对应边，【终止条件】选择"距离 1 mm"，【延长方法】选择"线形"。

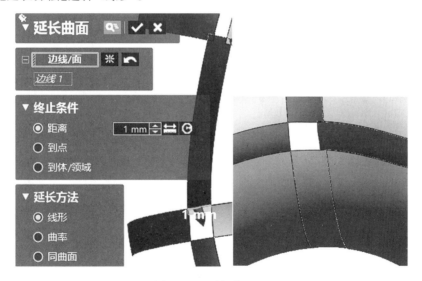

图 4.115   延长曲面 12

（37）延长曲面 13

调用【延长曲面】命令，【边线/面】选择如图 4.116 所示对应边，【终止条件】选择"距离 1 mm"，【延长方法】选择"线形"。

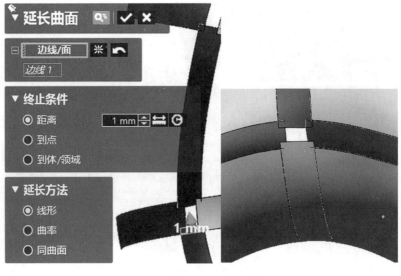

图 4.116　延长曲面 13

(38)剪切曲面 2

调用【剪切曲面】命令,【工具要素】选择"拉伸 1_1—拉伸 1_6""曲面偏移 1""曲面偏移 2",【对象体】选择"放样 1—放样 10",点击"下一阶段",【残留体】选择内侧,如图 4.117 所示。

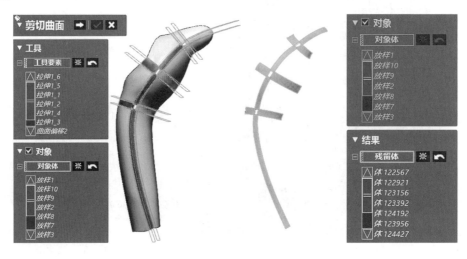

图 4.117　剪切曲面 2

(39)缝合 1

调用【缝合】命令,【曲面体】选择"剪切曲面 1_1—剪切曲面 1_8""剪切曲面2_1—剪切曲面2_10",如图 4.118 所示。

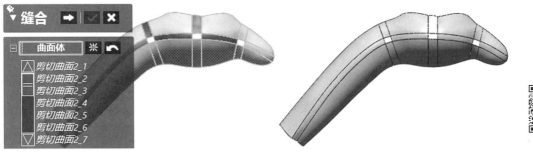

图 4.118　缝合 1

（40）面填补 1

调用【面填补】命令，【边线】选择"缝合 1"如图 4.119 所示中空部分边界线填补空隙，【设置连续性约束条件】选择缺口 4 条边线，【详细设置】选择"合并结果"。

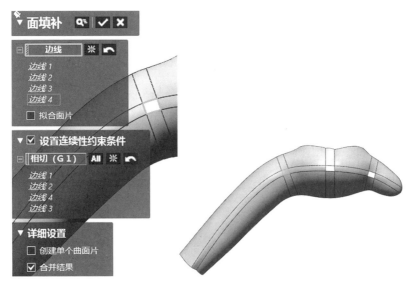

图 4.119　面填补 1

（41）面填补 2

调用【面填补】命令，【边线】选择"缝合 1"如图 4.120 所示中空部分边界线填补空隙，【设置连续性约束条件】选择缺口 4 条边线，【详细设置】选择"合并结果"。

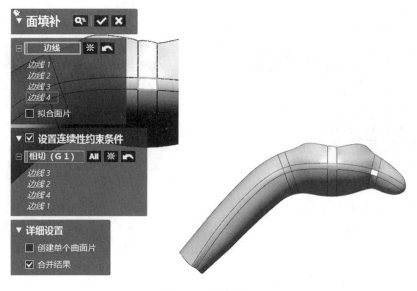

图 4.120　面填补 2

(42)面填补 3

调用【面填补】命令，【边线】选择"缝合 1"如图 4.121 所示中空部分边界线填补空隙，【设置连续性约束条件】选择缺口 4 条边线，【详细设置】选择"合并结果"。

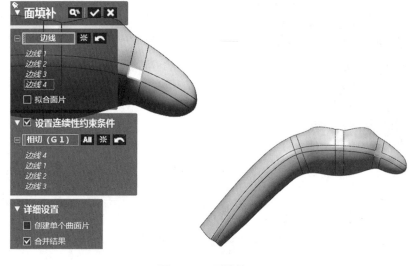

图 4.121　面填补 3

(43)平面 1

调用【平面】命令，【要素】选择"上平面"，【方法】选择"偏移"，【距离】设置为"2.5 mm"，如图 4.122 所示。

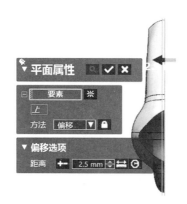

图 4.122   平面 1

（44）剪切曲面 3

调用【剪切曲面】命令，【工具要素】选择"平面 1"，【对象体】选择"面填补 3"，点击"下一阶段"，【残留体】选择左侧，如图 4.123 所示。

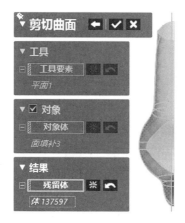

图 4.123   剪切曲面 3

（45）镜像 1

调用【镜像】命令，【体】选择"剪切曲面 3"，【对称平面】选择"上平面"，如图 4.124 所示。

271

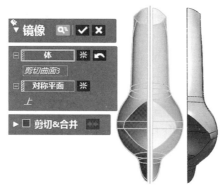

图 4.124   镜像 1

（46）放样 11

调用【放样】命令,【轮廓】选择"剪切曲面 3""镜像 1"对应边线,【约束条件】均选择"与面相切",相切面分别选择"剪切曲面 3""镜像 1",如图 4.125 所示。

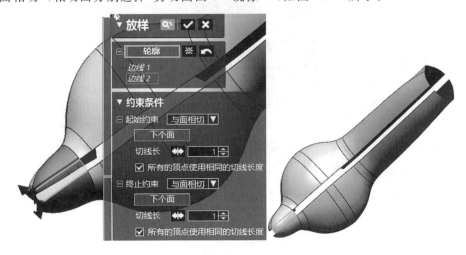

图 4.125　放样 11

（47）放样 12

调用【放样】命令,【轮廓】选择"剪切曲面 3""镜像 1"对应边线,【约束条件】均选择"与面相切",相切面分别选择"剪切曲面 3""镜像 1",如图 4.126 所示。

272

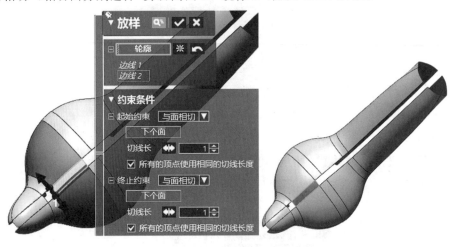

图 4.126　放样 12

（48）放样 13

调用【放样】命令,【轮廓】选择"剪切曲面 3""镜像 1"对应边线,【约束条件】均选择"与面相切",相切面分别选择"剪切曲面 3""镜像 1",如图 4.127 所示。

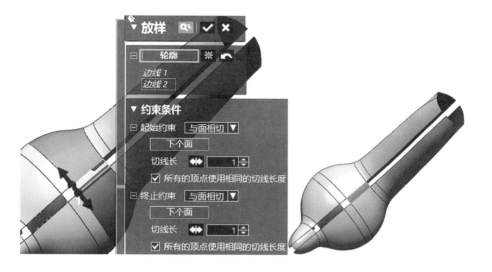

图 4.127　放样 13

(49)放样 14

调用【放样】命令,【轮廓】选择"剪切曲面 3""镜像 1"对应边线,【约束条件】均选择"与面相切",相切面分别选择"剪切曲面 3""镜像 1",如图 4.128 所示。

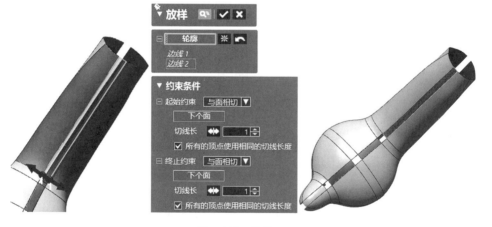

图 4.128　放样 14

(50)放样 15

调用【放样】命令,【轮廓】选择"剪切曲面 3""镜像 1"对应边线,【约束条件】均选择"与面相切",相切面分别选择"剪切曲面 3""镜像 1",如图 4.129 所示。

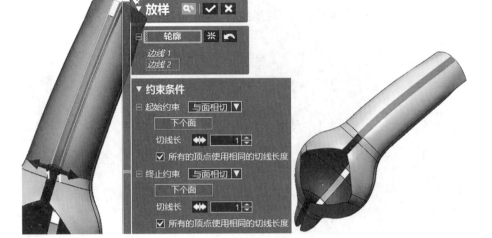

图 4.129　放样 15

（51）放样 16

调用【放样】命令,【轮廓】选择"剪切曲面 3""镜像 1"对应边线,【约束条件】均选择"与面相切",相切面分别选择"剪切曲面 3""镜像 1",如图 4.130 所示。

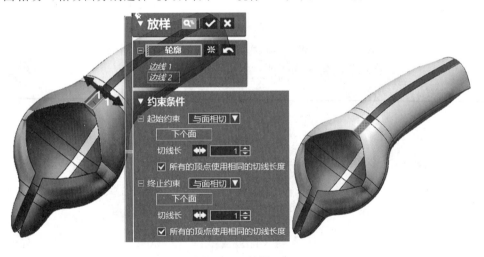

图 4.130　放样 16

（52）放样 17

调用【放样】命令,【轮廓】选择"剪切曲面 3""镜像 1"对应边线,【约束条件】均选择"与面相切",相切面分别选择"剪切曲面 3""镜像 1",如图 4.131 所示。

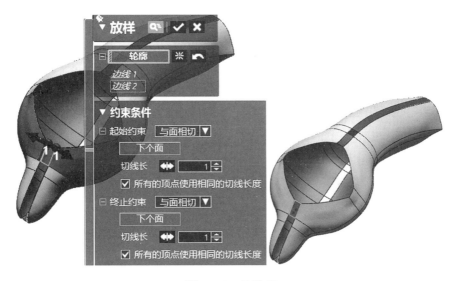

图 4.131　放样 17

(53)放样 18

　　调用【放样】命令,【轮廓】选择"剪切曲面 3""镜像 1"对应边线,【约束条件】均选择"与面相切",相切面分别选择"剪切曲面 3""镜像 1",如图 4.132 所示。

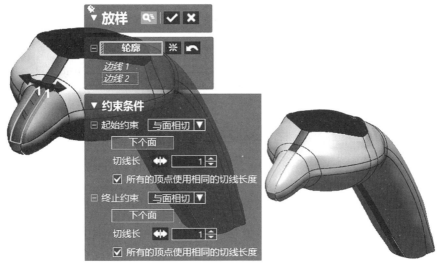

图 4.132　放样 18

(54)缝合 2

　　调用【缝合】命令,【曲面体】选择"剪切曲面 3""镜像 1""放样 11—放样 18",如图 4.133所示。

图 4.133　缝合 2

（55）面填补 4

调用【面填补】命令，【边线】选择"缝合 2"如图 4.134 所示中空部分边界线填补空隙，【设置连续性约束条件】选择缺口 4 条边线，【详细设置】选择"合并结果"。

276

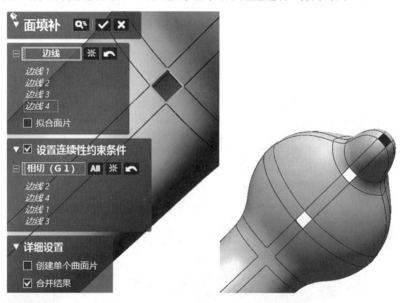

图 4.134　面填补 4

（56）面填补 5

调用【面填补】命令，【边线】选择"缝合 2"如图 4.135 所示中空部分边界线填补空隙，【设置连续性约束条件】选择缺口 4 条边线，【详细设置】选择"合并结果"。

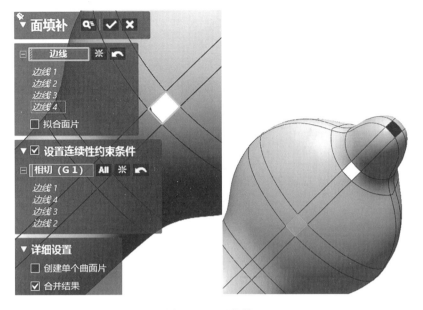

图 4.135　面填补 5

(57)面填补 6

调用【面填补】命令,【边线】选择"缝合 2"如图 4.136 所示中空部分边界线填补空隙,【设置连续性约束条件】选择缺口 4 条边线,【详细设置】选择"合并结果"。

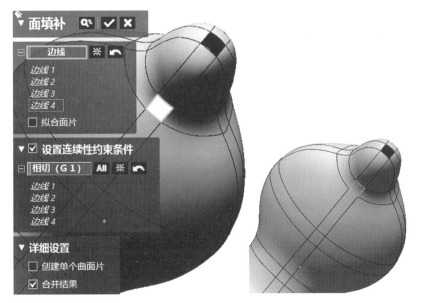

图 4.136　面填补 6

(58)面填补 7

调用【面填补】命令,【边线】选择"缝合 2"如图 4.137 所示中空部分边界线填补空隙,【设置连续性约束条件】选择缺口 4 条边线,【详细设置】选择"合并结果"。

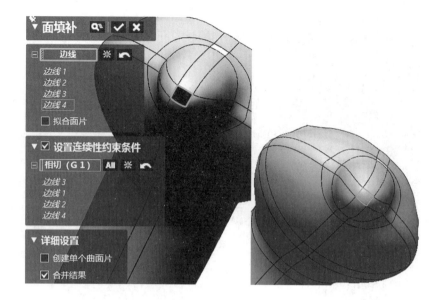

图 4.137　面填补 7

（59）面填补 8

调用【面填补】命令，【边线】选择"缝合 2"如图 4.138 所示中空部分边界线填补空隙，【设置连续性约束条件】选择缺口 4 条边线，【详细设置】选择"合并结果"。

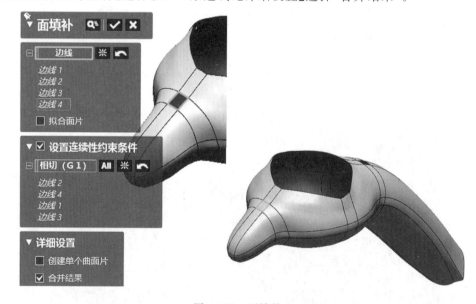

图 4.138　面填补 8

（60）面填补 9

调用【面填补】命令，【边线】选择"缝合 2"如图 4.139 所示中空部分边界线填补空隙，【设置连续性约束条件】选择缺口 4 条边线，【详细设置】选择"合并结果"。

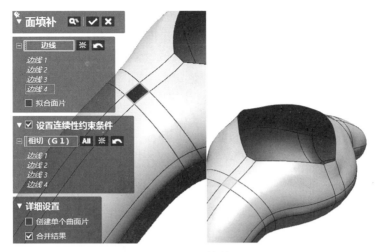

图 4.139　面填补 9

(61)面片拟合 9

调用【面片拟合】命令,【领域/单元面】选择如图 4.140 所示区域,【许可偏差】设置为"0.1 mm",【最大控制点数】设置为"50"。

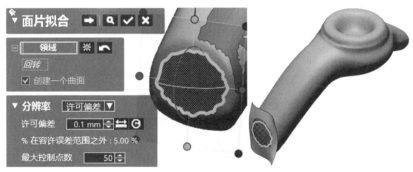

图 4.140　面片拟合 9

(62)面片拟合 10

调用【面片拟合】命令,【领域/单元面】选择如图 4.141 所示区域,【许可偏差】设置为"0.1 mm",【最大控制点数】设置为"50"。

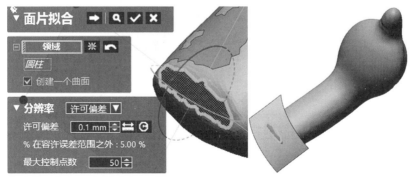

图 4.141　面片拟合 10

279

（63）剪切曲面 4

调用【剪切曲面】命令，【工具要素】选择"面片拟合 9""面片拟合 10"，【对象体】选择"面片拟合 9""面片拟合 10"，点击"下一阶段"，【残留体】选择上侧，如图 4.142 所示。

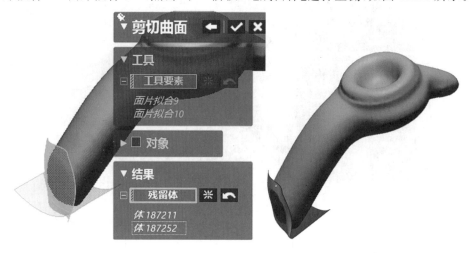

图 4.142　剪切曲面 4

（64）剪切曲面 5

调用【剪切曲面】命令，【工具要素】选择"剪切曲面 4""面填补 9"，【对象体】选择"剪切曲面 4""面填补 9"，点击"下一阶段"，【残留体】选择上侧，如图 4.143 所示。

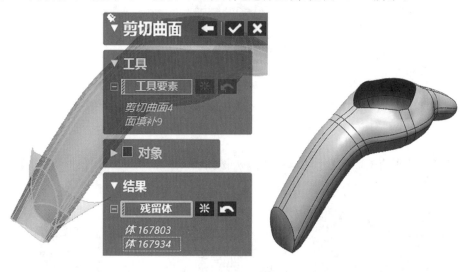

图 4.143　剪切曲面 5

（65）圆角 1（恒定）

调用【圆角】命令，选择"固定圆角"，【圆角要素设置】选择如图 4.144 所示，【半径】设置为"7 mm"，【选项】选择"切线扩张"。

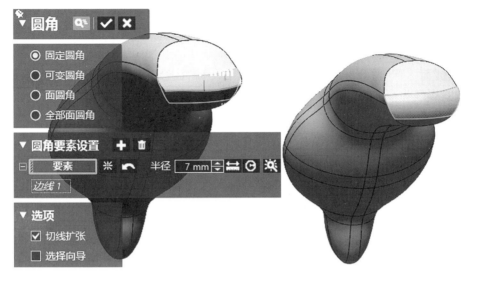

图 4.144　圆角 1(恒定)

(66)圆角 2(面)

调用【圆角】命令,选择"面圆角",【圆角要素设置】选择如图 4.145 所示,上部【面】选择"面片拟合 9""面片拟合 10""圆角 1(恒定)",下部【面】选择"面片拟合 1""面片拟合 2""面片拟合 8""放样 1""镜像 1""放样 14""放样 15",【半径】设置为"2 mm",【选项】选择"剪切 & 合并的结果"。

281

图 4.145　圆角 2(面)

2. 眼睛按摩仪眼窝

(1)草图 2(面片)

调用【面片草图】命令,【基准平面】选择"右平面",【绘制】栏中选择【样条曲线】命令,以系统投影线为基准绘制草图,如图 4.146 所示。

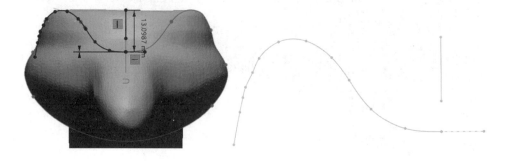

图 4.146　草图 2(面片)

(2)回转 1

调用【回转】命令,【基准草图】选择"草图 2(面片)",【轮廓】选择"草图 2(面片)曲线部分",【轴】选择"草图 2(面片)直线部分",【方法】选择"单侧方向",【角度】设置为"360°",如图 4.147 所示。

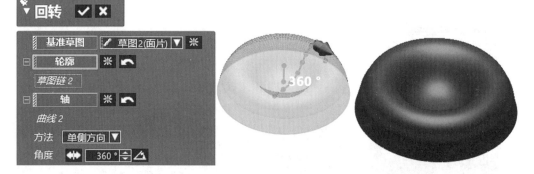

图 4.147　回转 1

(3)剪切曲面 6

调用【剪切曲面】命令,【工具要素】选择"回转 1""圆角 2(面)",【对象体】选择"回转 1""圆角 2(面)",点击"下一阶段",【残留体】选择外侧,如图 4.148 所示。

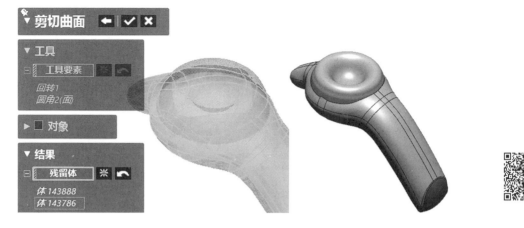

图 4.148　剪切曲面 6

（4）圆角 3（面）

调用【圆角】命令，选择"面圆角"，【圆角要素设置】选择如图 4.149 所示，上部【面】选择"回转 1"，下部【面】选择"面片拟合 6""面片拟合 7""放样 8""镜像 1""放样 16""放样17""面片拟合 9"，【半径】设置为"4 mm"，【选项】选择"剪切 & 合并的结果"。

283

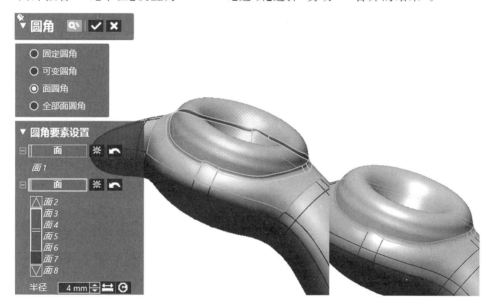

图 4.149　圆角 3（面）

（5）删除面 1

调用【删除面】命令，选择"删除"，【面】选择如图 4.150 所示 2 个瑕疵面。

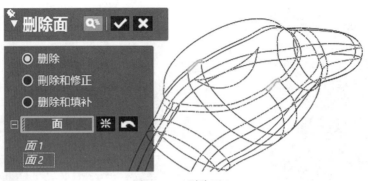

图 4.150 删除面 1

（6）延长曲面 14

调用【延长曲面】命令，【边线/面】选择如图 4.151 所示对应边，【终止条件】选择"距离 1 mm"，【延长方法】选择"线形"。

284

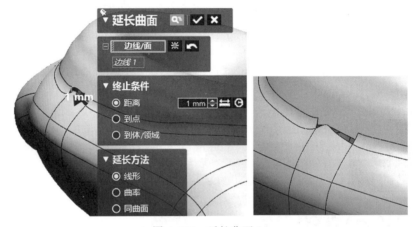

图 4.151 延长曲面 14

（7）延长曲面 15

调用【延长曲面】命令，【边线/面】选择如图 4.152 所示对应边，【终止条件】选择"距离 1 mm"，【延长方法】选择"线形"。

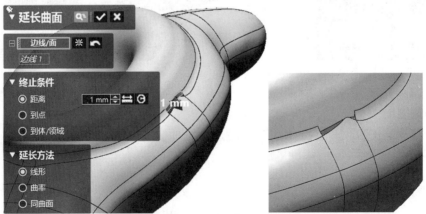

图 4.152 延长曲面 15

（8）3D 草图 1

调用【3D 草图】命令，【绘制】栏中选择【样条曲线】命令，在"删除面 1""延长曲面 14"
"延长曲面 15"上创建如图 4.153 所示 4 条曲线。

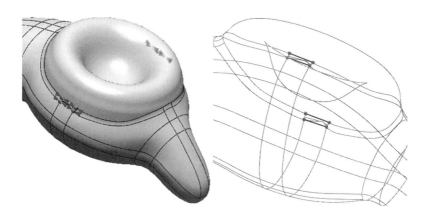

图 4.153　3D 草图 1

（9）剪切曲面 7

调用【剪切曲面】命令，【工具要素】选择"3D 草图 1"，【对象体】选择"删除面 1"，点击
"下一阶段"，【残留体】选择外侧，如图 4.154 所示。

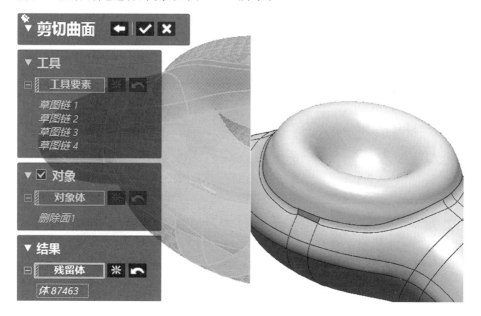

图 4.154　剪切曲面 7

（10）缝合 3

调用【缝合】命令，【曲面体】选择"剪切曲面 7"，如图 4.155 所示。

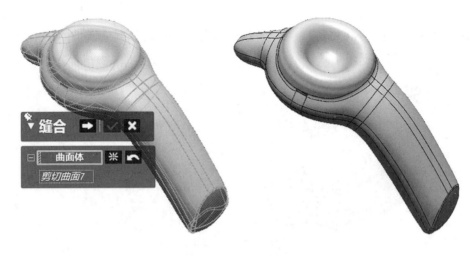

图 4.155　缝合 3

(11)面填补 10

调用【面填补】命令,【边线】选择"缝合 3"如图 4.156 所示中空部分边界线填补空隙,【设置连续性约束条件】选择缺口 4 条边线,【详细设置】选择"合并结果"。

286

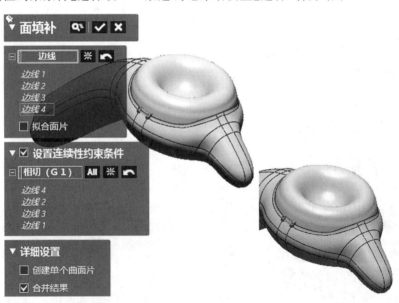

图 4.156　面填补 10

(12)面填补 11

调用【面填补】命令,【边线】选择"缝合 3"如图 4.157 所示中空部分边界线填补空隙,【设置连续性约束条件】选择缺口 4 条边线,【详细设置】选择"合并结果",如图 4.157所示。

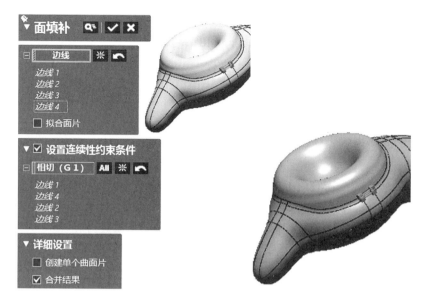

图 4.157　面填补 11

3. 眼睛按摩仪【体偏差】检测

选择绘图区上侧工具条【体偏差】命令检测眼睛按摩仪建模质量，如图 4.158 所示。

287

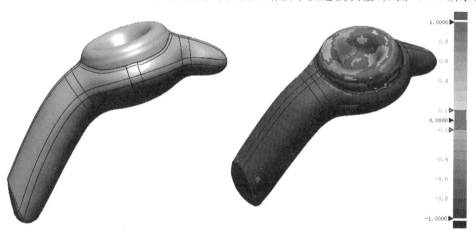

眼睛按摩仪
柄身

眼睛按摩仪
柄身细节

眼睛按摩仪
眼窝

图 4.158　眼睛按摩仪建模质量检测

素 养 园 地

在当今世界,竞争日益激烈,而在这个竞争激烈的时代,大国工匠精神的重要性愈发凸显。它不仅代表着一种精神品质,更是一种行动指南,是我们在各个领域取得成功的关键要素。我们应该认真学习大国工匠精神,以此塑造我们的未来之路。

大国工匠精神强调专注与坚持:在追求卓越的过程中,工匠们以严谨的态度对待每一项任务,无论大小,都全力以赴。他们不断磨炼技艺,追求完美,这种专注和坚持的精神值得我们借鉴和学习。在我们的生活中,无论是学习、工作还是创新,都需要这种专注和坚持的精神。只有我们全心投入,不断追求卓越,才能克服困难,实现目标。

大国工匠精神追求创新与创造:工匠们通过不断尝试和改进,创造出令人惊叹的工艺品。他们敢于挑战传统,勇于尝试新方法,这种创新精神是我们这个时代不可或缺的。在当今快速发展的社会中,只有不断创新,才能在竞争中立于不败之地。我们应该学会敢于挑战自我,勇于尝试新事物,培养自己的创新思维和创造力。

大国工匠精神体现团队合作精神:工匠们通常需要与他人合作,共同完成复杂的任务。他们尊重他人,善于沟通,这种团队精神是我们应该学习的。在现代社会中,团队合作已经成为一种常态,只有通过协作,才能取得更大的成功。我们应该学会尊重他人,善于沟通,建立良好的人际关系,为实现共同的目标而努力。

大国工匠精神推崇责任与担当:工匠们对自己的工作负责,对自己的产品负责,这种责任意识是我们应该效仿的。在现代社会中,责任与担当已经成为一个人品质的体现。我们应该学会承担责任,对自己的行为负责,同时也要尊重他人的权利和利益。只有这样,我们才能赢得他人的信任和尊重,共同创造一个和谐的社会环境。

在未来的道路上,我们应该将大国工匠精神融入我们的生活和工作中。我们要时刻保持专注和坚持的精神,不断追求卓越;我们要敢于创新和尝试新事物,培养自己的创新思维和创造力;我们要学会与他人合作,共同实现目标;我们要勇于承担责任,对自己的行为负责。只有这样,我们才能在激烈的竞争中立于不败之地,为我们的未来之路铺设坚实的基础。

项目工卡

任务 1   吹风机建模课前预习卡

项目概况

序号	实现命令	命令要素	结果要求
①			□已理解□需详讲
			□已理解□需详讲
			□已理解□需详讲
			□已理解□需详讲
②			□已理解□需详讲
			□已理解□需详讲
			□已理解□需详讲
			□已理解□需详讲
			□已理解□需详讲
			□已理解□需详讲
			□已理解□需详讲
③			□已理解□需详讲
			□已理解□需详讲
			□已理解□需详讲
			□已理解□需详讲
			□已理解□需详讲
			□已理解□需详讲
			□已理解□需详讲
			□已理解□需详讲
			□已理解□需详讲
			□已理解□需详讲
			□已理解□需详讲
			□已理解□需详讲
			□已理解□需详讲
			□已理解□需详讲
			□已理解□需详讲
			□已理解□需详讲
			□已理解□需详讲
④			□已理解□需详讲
			□已理解□需详讲
			□已理解□需详讲
			□已理解□需详讲
			□已理解□需详讲

任务 1　吹风机建模课堂互检卡

项目概况

评价项目	实现命令	模型完成程度		
①		☐已完成 ☐基本完成 ☐未完成		
		☐已完成 ☐基本完成 ☐未完成		
		☐已完成 ☐基本完成 ☐未完成		
		☐已完成 ☐基本完成 ☐未完成		
②		☐已完成 ☐基本完成 ☐未完成		
		☐已完成 ☐基本完成 ☐未完成		
		☐已完成 ☐基本完成 ☐未完成		
		☐已完成 ☐基本完成 ☐未完成		
		☐已完成 ☐基本完成 ☐未完成		
		☐已完成 ☐基本完成 ☐未完成		
		☐已完成 ☐基本完成 ☐未完成		
③		☐已完成 ☐基本完成 ☐未完成		
		☐已完成 ☐基本完成 ☐未完成		
		☐已完成 ☐基本完成 ☐未完成		
		☐已完成 ☐基本完成 ☐未完成		
		☐已完成 ☐基本完成 ☐未完成		
		☐已完成 ☐基本完成 ☐未完成		
		☐已完成 ☐基本完成 ☐未完成		
		☐已完成 ☐基本完成 ☐未完成		
		☐已完成 ☐基本完成 ☐未完成		
		☐已完成 ☐基本完成 ☐未完成		
		☐已完成 ☐基本完成 ☐未完成		
		☐已完成 ☐基本完成 ☐未完成		
		☐已完成 ☐基本完成 ☐未完成		
④		☐已完成 ☐基本完成 ☐未完成		
		☐已完成 ☐基本完成 ☐未完成		
		☐已完成 ☐基本完成 ☐未完成		
		☐已完成 ☐基本完成 ☐未完成		
		☐已完成 ☐基本完成 ☐未完成		
		☐已完成 ☐基本完成 ☐未完成		
评价等级	A	B	C	D

任务 2　眼睛按摩仪建模课前预习卡

项目概况

序号	实现命令	命令要素	结果要求
①			□已理解□需详讲
			□已理解□需详讲
			□已理解□需详讲
			□已理解□需详讲
			□已理解□需详讲
			□已理解□需详讲
			□已理解□需详讲
			□已理解□需详讲
			□已理解□需详讲
			□已理解□需详讲
			□已理解□需详讲
			□已理解□需详讲
			□已理解□需详讲
			□已理解□需详讲
			□已理解□需详讲
②			□已理解□需详讲
			□已理解□需详讲
			□已理解□需详讲
			□已理解□需详讲
			□已理解□需详讲
			□已理解□需详讲
			□已理解□需详讲
③			□已理解□需详讲
			□已理解□需详讲
			□已理解□需详讲
			□已理解□需详讲
			□已理解□需详讲
			□已理解□需详讲
④			□已理解□需详讲
			□已理解□需详讲
			□已理解□需详讲
			□已理解□需详讲
			□已理解□需详讲

任务 2　眼睛按摩仪建模课堂互检卡

项目概况

评价项目	实现命令	模型完成程度
①		☐已完成 ☐基本完成 ☐未完成
		☐已完成 ☐基本完成 ☐未完成
		☐已完成 ☐基本完成 ☐未完成
		☐已完成 ☐基本完成 ☐未完成
		☐已完成 ☐基本完成 ☐未完成
		☐已完成 ☐基本完成 ☐未完成
		☐已完成 ☐基本完成 ☐未完成
		☐已完成 ☐基本完成 ☐未完成
		☐已完成 ☐基本完成 ☐未完成
		☐已完成 ☐基本完成 ☐未完成
		☐已完成 ☐基本完成 ☐未完成
		☐已完成 ☐基本完成 ☐未完成
②		☐已完成 ☐基本完成 ☐未完成
		☐已完成 ☐基本完成 ☐未完成
		☐已完成 ☐基本完成 ☐未完成
		☐已完成 ☐基本完成 ☐未完成
		☐已完成 ☐基本完成 ☐未完成
		☐已完成 ☐基本完成 ☐未完成
		☐已完成 ☐基本完成 ☐未完成
③		☐已完成 ☐基本完成 ☐未完成
		☐已完成 ☐基本完成 ☐未完成
		☐已完成 ☐基本完成 ☐未完成
		☐已完成 ☐基本完成 ☐未完成
		☐已完成 ☐基本完成 ☐未完成
		☐已完成 ☐基本完成 ☐未完成
		☐已完成 ☐基本完成 ☐未完成
④		☐已完成 ☐基本完成 ☐未完成
		☐已完成 ☐基本完成 ☐未完成
		☐已完成 ☐基本完成 ☐未完成
		☐已完成 ☐基本完成 ☐未完成
		☐已完成 ☐基本完成 ☐未完成

评价等级	A	B	C	D

项目 5 雷达猫眼与吸尘器的建模

任务 5.1 雷达猫眼建模

课前预习

(1)根据建模过程掌握雷达猫眼零件逆向建模的思路与方法
(2)熟悉知识链接中包含的建模命令

任务描述

根据图 5.1 建模过程完成雷达猫眼零件的逆向建模,文件名为 ＊:\实例文件\零件图档\雷达猫眼.xrl。

图 5.1 雷达猫眼建模过程

知识链接

(1)【草图】—【草图】
(2)【模型】—【创建曲面】—【拉伸】
(3)【模型】—【编辑】—【圆角】
(4)【模型】—【编辑】—【壳体】
(5)【领域】—【插入】
(6)【模型】—【创建曲面】—【基础曲面】
(7)【模型】—【向导】—【面片拟合】
(8)【模型】—【编辑】—【剪切曲面】
(9)【模型】—【编辑】—【反转法线】

（10）【模型】—【编辑】—【延长曲面】

（11）【模型】—【编辑】—【曲面偏移】

（12）【模型】—【编辑】—【面填补】

（13）【模型】—【编辑】—【布尔运算】

（14）【模型】—【创建实体】—【拉伸】

（15）【模型】—【编辑】—【切割】

建模过程

1. 雷达猫眼底座

（1）草图 1

调用【草图】命令，【基准平面】选择"前平面"，进入草图界面后，结合底座特征，选择【直线】【中心点圆弧】命令，绘制如图 5.2 所示草图。

图 5.2　草图 1

（2）拉伸 1

调用【拉伸】命令，【基准草图】选择"草图 1"，【方向】中【方法】选择"距离"，【长度】设置为"20 mm"，【反方向】中【长度】设置为"20 mm"，如图 5.3 所示。

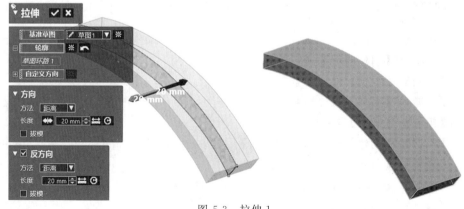

图 5.3　拉伸 1

（3）圆角 1（恒定）

调用【圆角】命令，选择"固定圆角"，【圆角要素设置】选择如图 5.4 所示，【半径】设置为"20 mm"，【选项】选择"切线扩张"。

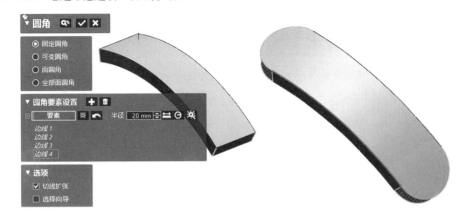

图 5.4　圆角 1（恒定）

（4）壳体 1

调用【壳体】命令，【体】选择"圆角 1（恒定）"，"深度"设置为"8 mm"，【删除面】选择"上下底面"，如图 5.5 所示。

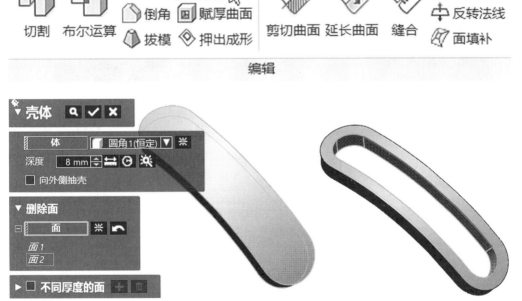

图 5.5　壳体 1

2. 雷达猫眼镜座

（1）领域组 1

调用【领域】命令，选择如图 5.6 所示特征区域，选择命令使用【画笔选择模式】，选择完毕后，点选【编辑】框中【插入】，重复多次，创建多个不同"领域"。

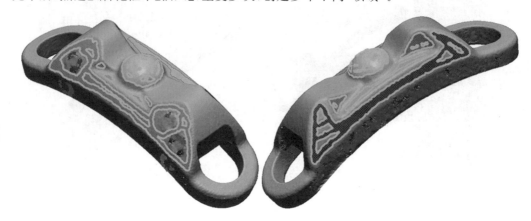

图 5.6   领域组 1

（2）球曲面 1

调用【基础曲面】命令，【领域】选择如图 5.7 所示区域，【提取形状】选择"球"，点击"下一阶段"，点击"确定"。

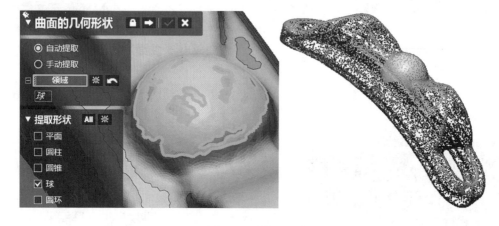

图 5.7   球曲面 1

（3）面片拟合 1

调用【面片拟合】命令，【领域/单元面】选择如图 5.8 所示区域，【许可偏差】设置为"0.1 mm"，【最大控制点数】设置为"30"。

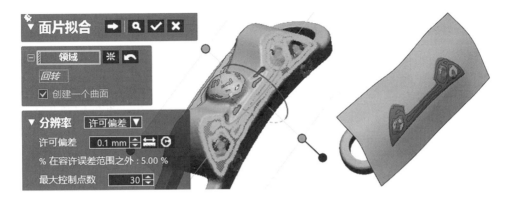

图 5.8　面片拟合 1

（4）面片拟合 2

调用【面片拟合】命令,【领域/单元面】选择如图 5.9 所示区域,【许可偏差】设置为"0.1 mm",【最大控制点数】设置为"30"。

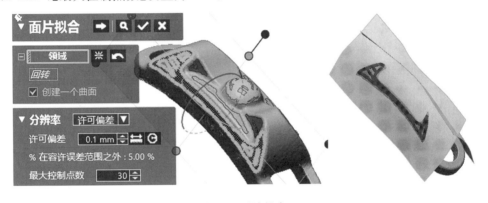

图 5.9　面片拟合 2

（5）草图 3

调用【草图】命令,【基准平面】选择"前平面",进入草图界面后,结合嵌位曲面特征,选择【样条曲线】命令,绘制如图 5.10 所示草图。

图 5.10　草图 3

（6）拉伸 2

调用【拉伸】命令,【基准草图】选择"草图 3",【方向】中【方法】选择"距离",【长度】设置为"25 mm",【反方向】中【长度】设置为"28 mm",如图 5.11 所示。

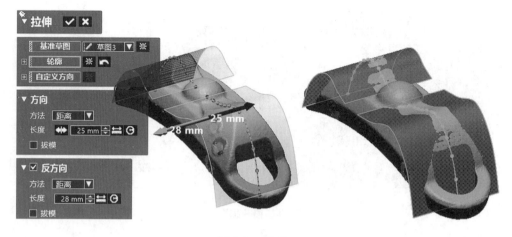

图 5.11 拉伸 2

（7）剪切曲面 1

调用【剪切曲面】命令，【工具要素】选择"拉伸 2_1""拉伸 2_2""面片拟合 1""面片拟合 2"，【对象体】选择"拉伸 2_1""拉伸 2_2""面片拟合 1""面片拟合 2"，点击"下一阶段"，【残留体】选择内侧，如图 5.12 所示。

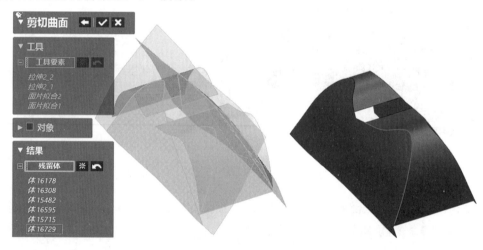

图 5.12 剪切曲面 1

（8）反转法线方向 1

调用【反转法线】命令，【曲面体】选择"剪切曲面 1"，翻转"剪切曲面 1"曲面方向，如图 5.13 所示。

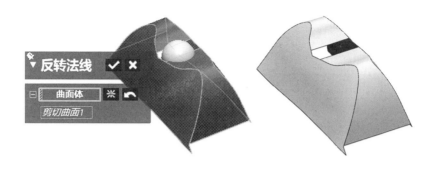

图 5.13　反转法线方向 1

（9）面片拟合 3

调用【面片拟合】命令，【领域/单元面】选择如图 5.14 所示区域，【分辨率】"U 控制点数"设置为"12"、"V 控制点数"设置为"8"。

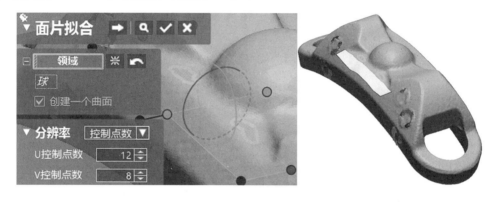

图 5.14　面片拟合 3

（10）面片拟合 4

调用【面片拟合】命令，【领域/单元面】选择如图 5.15 所示区域，【许可偏差】设置为"0.1 mm"，【最大控制点数】设置为"30"。

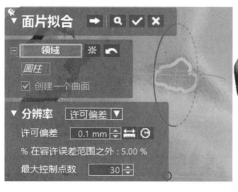

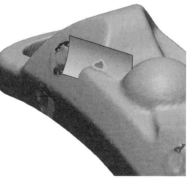

图 5.15　面片拟合 4

（11）面片拟合 5

调用【面片拟合】命令,【领域/单元面】选择如图 5.16 所示区域,【许可偏差】设置为"0.1 mm",【最大控制点数】设置为"30"。

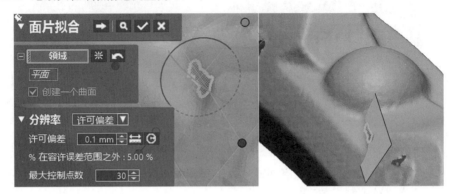

图 5.16　面片拟合 5

（12）剪切曲面 2

调用【剪切曲面】命令,【工具要素】选择"面片拟合 3""面片拟合 4""面片拟合 5",【对象体】选择"面片拟合 3""面片拟合 4""面片拟合 5",点击"下一阶段",【残留体】选择外侧,如图 5.17 所示。

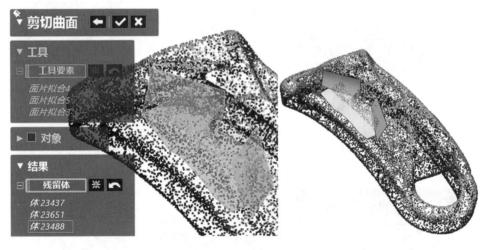

图 5.17　剪切曲面 2

（13）剪切曲面 3

调用【剪切曲面】命令,【工具要素】选择"球曲面 1",【对象体】选择"剪切曲面 2",点击"下一阶段",【残留体】选择外侧,如图 5.18 所示。

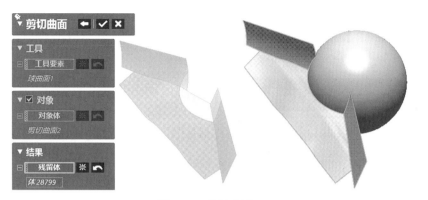

图 5.18　剪切曲面 3

（14）面片拟合 6

调用【面片拟合】命令，【领域/单元面】选择如图 5.19 所示区域，【许可偏差】设置为"0.1 mm"，【最大控制点数】设置为"30"。

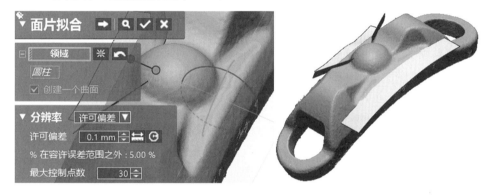

图 5.19　面片拟合 6

（15）面片拟合 7

调用【面片拟合】命令，【领域/单元面】选择如图 5.20 所示区域，【分辨率】"U 控制点数"设置为"8"、"V 控制点数"设置为"6"。

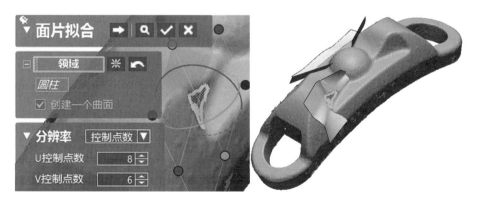

图 5.20　面片拟合 7

（16）面片拟合 8

调用【面片拟合】命令，【领域/单元面】选择如图 5.21 所示区域，【分辨率】"U 控制点数"设置为"6"、"V 控制点数"设置为"6"。

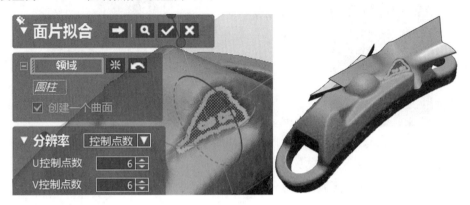

图 5.21　面片拟合 8

（17）剪切曲面 4

调用【剪切曲面】命令，【工具要素】选择"面片拟合 6""面片拟合 7""面片拟合 8"，【对象体】选择"面片拟合 6""面片拟合 7""面片拟合 8"，点击"下一阶段"，【残留体】选择外侧，如图 5.22 所示。

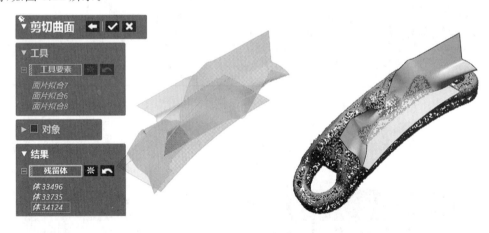

图 5.22　剪切曲面 4

（18）剪切曲面 5

调用【剪切曲面】命令，【工具要素】选择"球曲面 1"，【对象体】选择"剪切曲面 4"，点击"下一阶段"，【残留体】选择外侧，如图 5.23 所示。

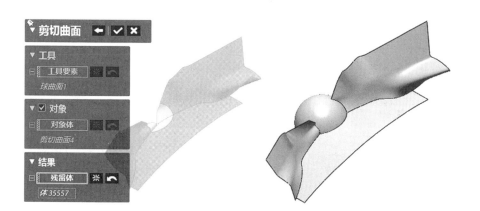

图 5.23　剪切曲面 5

（19）剪切曲面 6

调用【剪切曲面】命令，【工具要素】选择"剪切曲面 5"，【对象体】选择"剪切曲面 1"，点击"下一阶段"，【残留体】选择外侧，如图 5.24 所示。

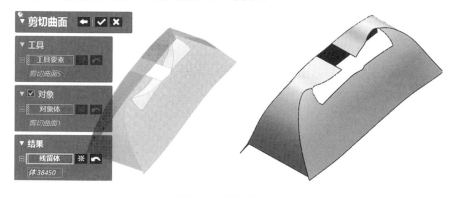

图 5.24　剪切曲面 6

（20）剪切曲面 7

调用【剪切曲面】命令，【工具要素】选择"剪切曲面 6"，【对象体】选择"剪切曲面 5"，点击"下一阶段"，【残留体】选择内侧，如图 5.25 所示。

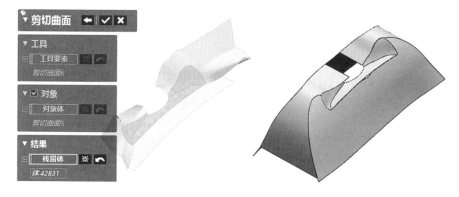

图 5.25　剪切曲面 7

303

（21）延长曲面 1

调用【延长曲面】命令，【边线/面】选择如图 5.26 所示对应边，【终止条件】选择"距离 2 mm"，【延长方法】选择"同曲面"。

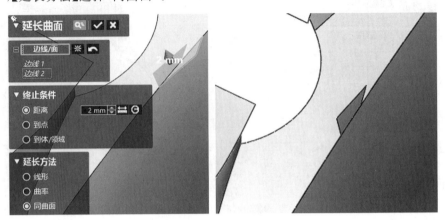

图 5.26　延长曲面 1

（22）延长曲面 2

调用【延长曲面】命令，【边线/面】选择如图 5.27 所示对应边，【终止条件】选择"距离 2 mm"，【延长方法】选择"同曲面"。

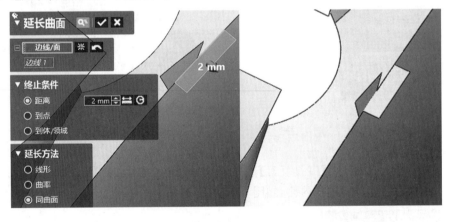

图 5.27　延长曲面 2

（23）剪切曲面 8

调用【剪切曲面】命令，【工具要素】选择"剪切曲面 6""剪切曲面 7"，【对象体】选择"剪切曲面 6""剪切曲面 7"，点击"下一阶段"，【残留体】选择内侧，如图 5.28 所示。

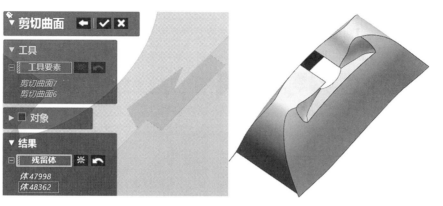

图 5.28　剪切曲面 8

（24）剪切曲面 9

　　调用【剪切曲面】命令,【工具要素】选择"剪切曲面 3",【对象体】选择"剪切曲面 8",点击"下一阶段",【残留体】选择内侧,如图 5.29 所示。

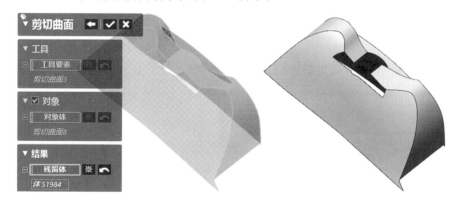

图 5.29　剪切曲面 9

（25）剪切曲面 10

　　调用【剪切曲面】命令,【工具要素】选择"剪切曲面 9",【对象体】选择"剪切曲面 3",点击"下一阶段",【残留体】选择内侧,如图 5.30 所示。

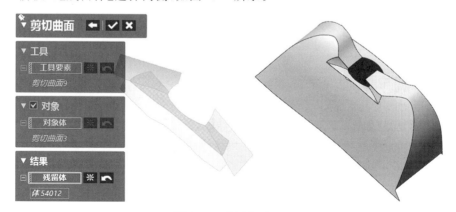

图 5.30　剪切曲面 10

（26）延长曲面 3

调用【延长曲面】命令，【边线/面】选择如图 5.31 所示对应边，【终止条件】选择"距离 2 mm"，【延长方法】选择"同曲面"。

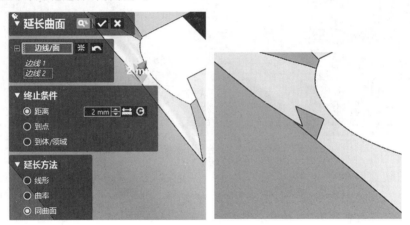

图 5.31　延长曲面 3

（27）延长曲面 4

调用【延长曲面】命令，【边线/面】选择如图 5.32 所示对应边，【终止条件】选择"距离 2 mm"，【延长方法】选择"同曲面"。

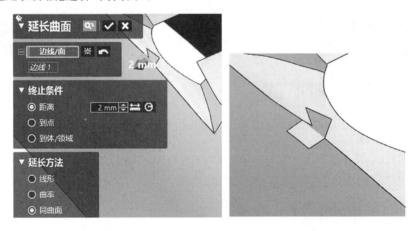

图 5.32　延长曲面 4

（28）剪切曲面 11

调用【剪切曲面】命令，【工具要素】选择"剪切曲面 9""剪切曲面 10"，【对象体】选择"剪切曲面 9""剪切曲面 10"，点击"下一阶段"，【残留体】选择内侧，如图 5.33 所示。

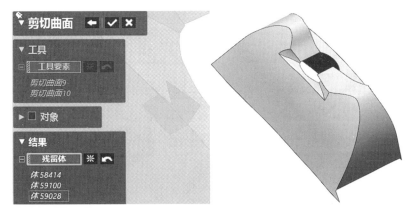

图 5.33　剪切曲面 11

（29）剪切曲面 12

调用【剪切曲面】命令，【工具要素】选择"球曲面 1""剪切曲面 11"，【对象体】选择"球曲面 1""剪切曲面 11"，点击"下一阶段"，【残留体】选择内侧，如图 5.34 所示。

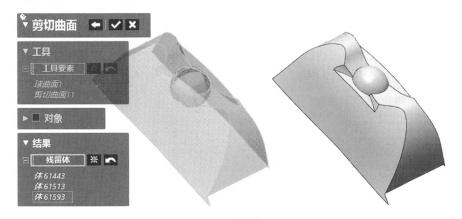

图 5.34　剪切曲面 12

（30）曲面偏移 1

调用【曲面偏移】命令，【面】选择"壳体 1"两内侧面，【偏移距离】设置为"0 mm"，如图 5.35 所示。

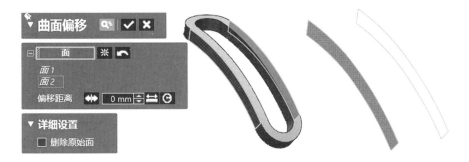

图 5.35　曲面偏移 1

（31）延长曲面 5

调用【延长曲面】命令，【边线/面】选择如图 5.36 所示对应边，【终止条件】选择"距离 20 mm"，【延长方法】选择"同曲面"。

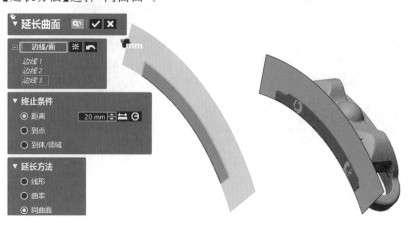

图 5.36　延长曲面 5

（32）延长曲面 6

调用【延长曲面】命令，【边线/面】选择如图 5.37 所示对应边，【终止条件】选择"距离 20 mm"，【延长方法】选择"同曲面"。

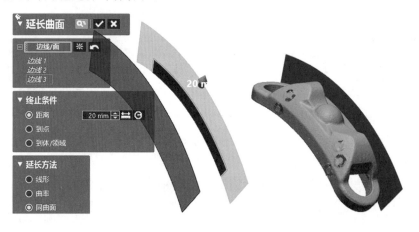

图 5.37　延长曲面 6

（33）剪切曲面 13

调用【剪切曲面】命令，【工具要素】选择"剪切曲面 12""曲面偏移 1_1""曲面偏移 1_2"，【对象体】选择"剪切曲面 12""曲面偏移 1_1""曲面偏移 1_2"，点击"下一阶段"，【残留体】选择内侧，如图 5.38 所示。

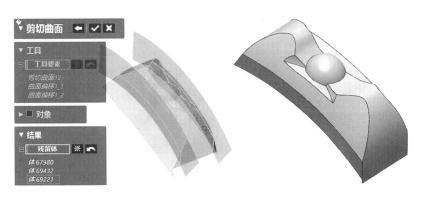

图 5.38　剪切曲面 13

(34)圆角 2(恒定)—圆角 7(恒定)

调用【圆角】命令,选择"固定圆角",【圆角要素设置】选择如图 5.39 所示,【半径】分别设置为"2 mm""2 mm""2 mm""2 mm",【选项】选择"切线扩张"。

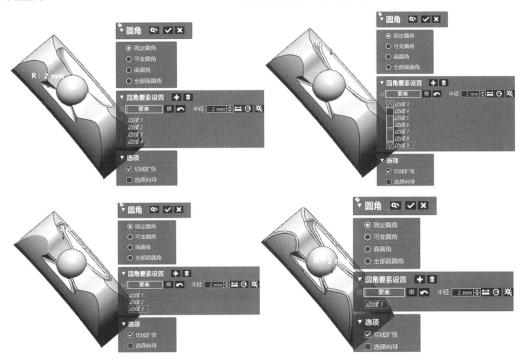

图 5.39　圆角 2(恒定)—圆角 7(恒定)

(35)曲面偏移 2

调用【曲面偏移】命令,【面】选择"壳体 1"顶面,【偏移距离】设置为"0 mm",如图 5.40所示。

图 5.40　曲面偏移 2

（36）面填补 1

调用【面填补】命令，【边线】选择"曲面偏移 2"如图 5.41 所示中空部分边界线填补空隙，【详细设置】选择"合并结果"。

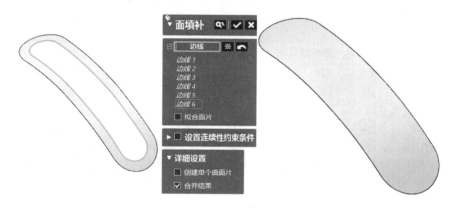

图 5.41　面填补 1

（37）剪切曲面 14

调用【剪切曲面】命令，【工具要素】选择"面填补 1""圆角 7（恒定）"，【对象体】选择"面填补 1""圆角 7（恒定）"，点击"下一阶段"，【残留体】选择上侧，如图 5.42 所示。

图 5.42　剪切曲面 14

（38）布尔运算1（合并）

调用【布尔运算】命令，【操作方法】选择"合并"，【工具要素】选择"壳体1""剪切曲面14"，如图5.43所示。

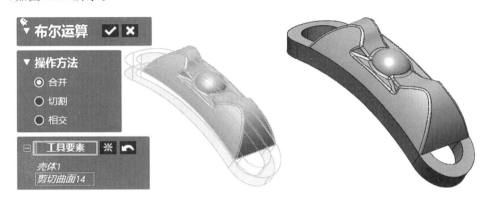

图5.43　布尔运算1（合并）

3. 雷达猫眼嵌位

（1）草图4

调用【草图】命令，【基准平面】选择"前平面"，进入草图界面后，结合底座特征，选择【矩形】命令，绘制如图5.44所示草图。

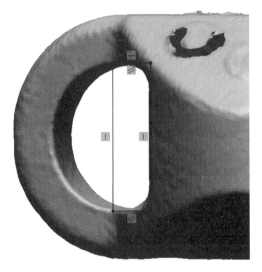

311

图5.44　草图4

（2）拉伸3

调用【拉伸】命令，【基准草图】选择"草图4"，【方向】中【方法】选择"距离"，【长度】设置为"7 mm"，【反方向】中【长度】设置为"15 mm"，如图5.45所示。

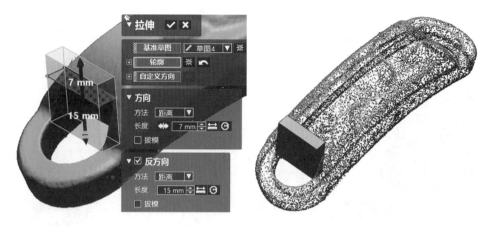

图 5.45　拉伸 3

（3）圆角 8（恒定）、圆角 9（恒定）

调用【圆角】命令，选择"固定圆角"，【圆角要素设置】选择如图 5.46 所示，【半径】设置为"5 mm""5 mm"，【选项】选择"切线扩张"。

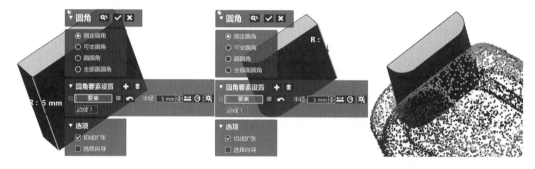

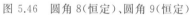

图 5.46　圆角 8（恒定）、圆角 9（恒定）

（4）曲面偏移 3

调用【曲面偏移】命令，【面】选择"壳体 1"两内侧面、长圆面，【偏移距离】设置为"0 mm"，如图 5.47 所示。

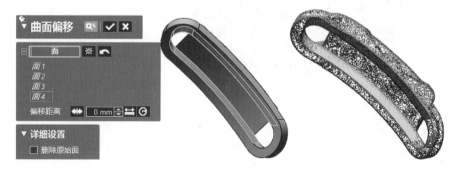

图 5.47　曲面偏移 3

（5）延长曲面7

调用【延长曲面】命令，【边线/面】选择如图5.48所示对应边，【终止条件】选择"距离20 mm"，【延长方法】选择"同曲面"。

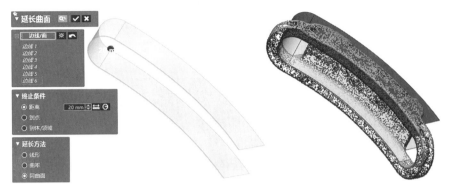

图5.48　延长曲面7

（6）切割1

调用【切割】命令，【工具要素】选择"曲面偏移3"，【对象体】选择"圆角9（恒定）"，【残留体】选择内侧，如图5.49所示。

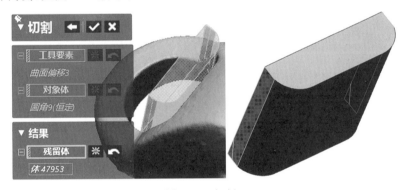

图5.49　切割1

（7）布尔运算2（切割）

调用【布尔运算】命令，【操作方法】选择"切割"，【工具要素】选择"切割1"，【对象体】选择"剪切曲面14"，如图5.50所示。

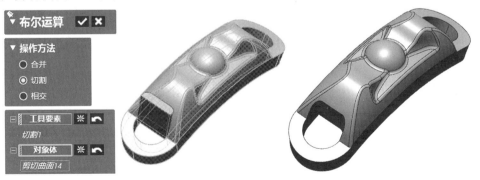

图5.50　布尔运算2（切割）

313

(8)圆角10(恒定)—圆角13(恒定)

调用【圆角】命令，选择"固定圆角"，【圆角要素设置】选择如图5.51所示，【半径】分别设置为"2 mm""2 mm""2 mm""4 mm"，【选项】选择"切线扩张"。

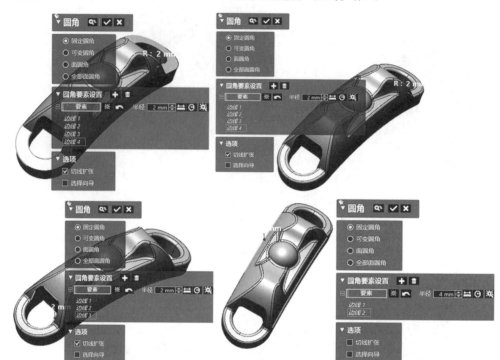

图5.51　圆角10(恒定)—圆角13(恒定)

4.雷达猫眼【体偏差】检测

选择绘图区上侧工具条【体偏差】命令检测雷达猫眼建模质量，如图5.52所示。

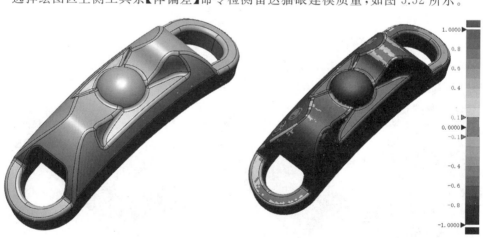

图5.52　雷达猫眼建模质量检测

雷达猫眼
安装座

雷达猫眼
工作部位

雷达猫眼
细节

任务 5.2　吸尘器建模

课前预习

(1)根据建模过程掌握吸尘器零件逆向建模的思路与方法

(2)熟悉知识链接中包含的建模命令

任务描述

根据图 5.53 建模过程完成吸尘器零件的逆向建模,文件名为 * :\实例文件\零件图档\吸尘器.xrl。

图 5.53　吸尘器建模过程

知识链接

(1)【领域】—【插入】

(2)【模型】—【向导】—【面片拟合】

(3)【草图】—【面片草图】

(4)【模型】—【创建曲面】—【拉伸】

(5)【模型】—【编辑】—【圆角】

(6)【模型】—【编辑】—【剪切曲面】

(7)【模型】—【创建曲面】—【基础曲面】

(8)【模型】—【编辑】—【延长曲面】

(9)【模型】—【编辑】—【曲面偏移】

(10)【3D 草图】—【3D 草图】

(11)【模型】—【创建曲面】—【放样】

(12)【模型】—【编辑】—【缝合】

(13)【模型】—【编辑】—【反转法线】

(14)【模型】—【阵列】—【镜像】

(15)【模型】—【参考几何图形】—【平面】

(16)【模型】—【编辑】—【倒角】

(17)【模型】—【体/面】—【删除面】

(18)【模型】—【编辑】—【面填补】

(19)【模型】—【编辑】—【壳体】

(20)【模型】—【编辑】—【布尔运算】

(21)【模型】—【创建实体】—【拉伸】

(22)【模型】—【编辑】—【切割】

(23)【草图】—【草图】

建模过程

1. 吸尘器机身

(1)领域组 1

调用【领域】命令,选择如图 5.54 所示特征区域,选择命令使用【画笔选择模式】,选择完毕后,点选【编辑】框中【插入】,重复多次,创建多个不同"领域"。

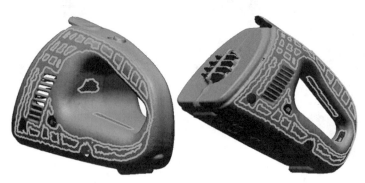

图 5.54 领域组 1

(2)面片拟合 1

调用【面片拟合】命令,【领域/单元面】选择如图 5.55 所示区域,【许可偏差】设置为"0.1 mm",【最大控制点数】设置为"30"。

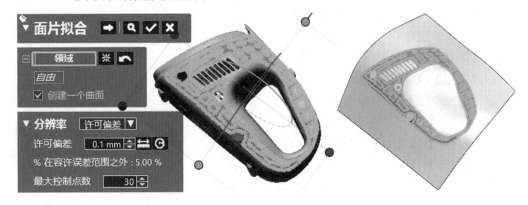

图 5.55 面片拟合 1

（3）草图1（面片）

调用【面片草图】命令，【基准平面】选择"前平面"，【绘制】栏中选择【直线】【中心点圆弧】命令，以系统投影线为基准绘制草图，如图5.56所示。

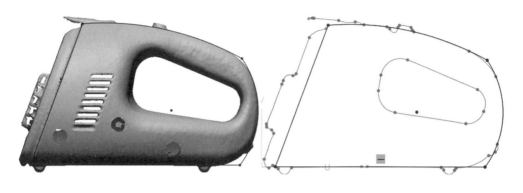

图5.56　草图1（面片）

（4）拉伸1

调用【拉伸】命令，【基准草图】选择"草图1（面片）"，【方向】中【方法】选择"距离"，【长度】设置为"47 mm"，【反方向】中【长度】设置为"44 mm"，如图5.57所示。

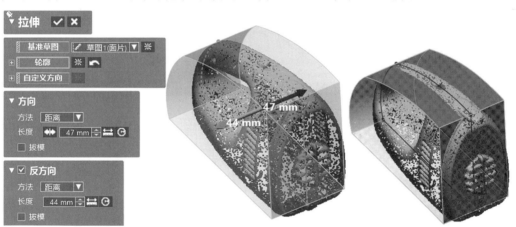

图5.57　拉伸1

（5）圆角1（恒定）、圆角2（恒定）

调用【圆角】命令，选择"固定圆角"，【圆角要素设置】选择如图5.58所示，【半径】分别设置为"30.5 mm""38.5 mm"，【选项】选择"切线扩张"。

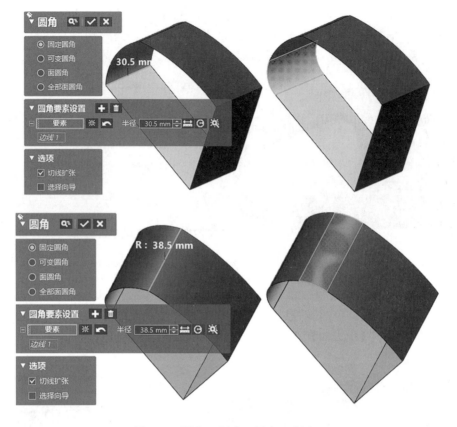

图 5.58　圆角 1(恒定)、圆角 2(恒定)

（6）剪切曲面 1

调用【剪切曲面】命令，【工具要素】选择"面片拟合 1""圆角 2(恒定)"，【对象体】选择"面片拟合 1""圆角 2(恒定)"，点击"下一阶段"，【残留体】选择内侧，如图 5.59 所示。

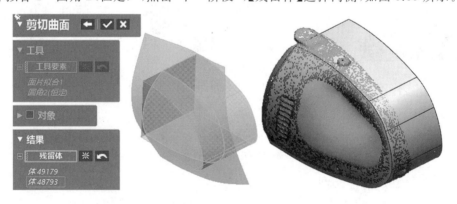

图 5.59　剪切曲面 1

（7）圆角 3(可变)

调用【圆角】命令，选择"可变圆角"，【圆角要素设置】选择如图 5.60 所示，【半径】分别设置为"6 mm""6 mm""6 mm""8 mm""11 mm""15 mm"，【选项】选择"切线扩张"。

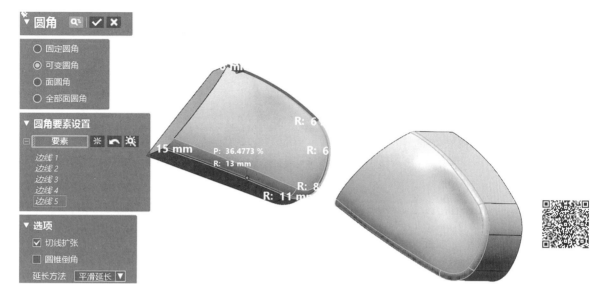

图 5.60　圆角 3(可变)

（8）平面曲面 1

调用【基础曲面】命令,【领域】选择如图 5.61 所示区域,【提取形状】选择"平面",点击"下一阶段",点击"确定"。

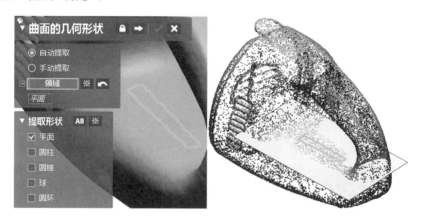

图 5.61　平面曲面 1

（9）平面曲面 2

调用【基础曲面】命令,【领域】选择如图 5.62 所示区域,【提取形状】选择"平面",点击"下一阶段",点击"确定"。

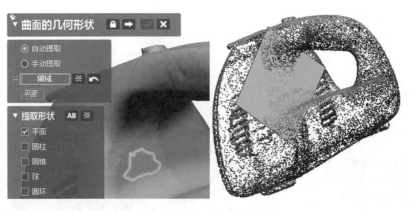

图 5.62　平面曲面 2

（10）平面曲面 3

调用【基础曲面】命令，【领域】选择如图 5.63 所示区域，【提取形状】选择"平面"，点击"下一阶段"，点击"确定"。

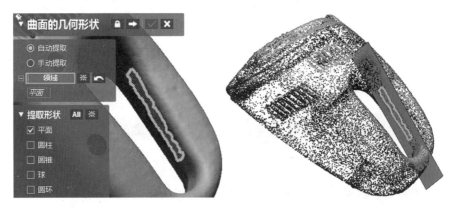

图 5.63　平面曲面 3

（11）延长曲面 1

调用【延长曲面】命令，【边线/面】选择如图 5.64 所示对应边，【终止条件】选择"距离 13.5 mm"，【延长方法】选择"线形"。

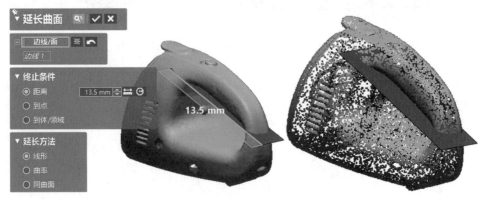

图 5.64　延长曲面 1

（12）延长曲面 2

调用【延长曲面】命令，【边线/面】选择如图 5.65 所示对应边，【终止条件】选择"距离23 mm"，【延长方法】选择"线形"。

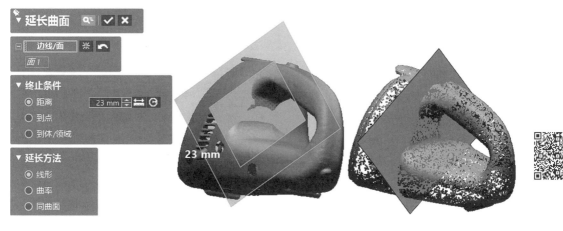

图 5.65　延长曲面 2

（13）面片拟合 2

调用【面片拟合】命令，【领域/单元面】选择如图 5.66 所示区域，【许可偏差】设置为"0.1 mm"，【最大控制点数】设置为"30"。

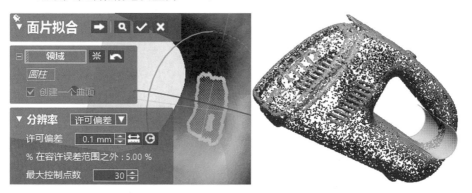

图 5.66　面片拟合 2

（14）剪切曲面 2

调用【剪切曲面】命令，【工具要素】选择"平面曲面 1""平面曲面 2""平面曲面 3"，【对象体】选择"平面曲面 1""平面曲面 2""平面曲面 3"，点击"下一阶段"，【残留体】选择内侧，如图 5.67 所示。

图 5.67　剪切曲面 2

(15)圆角 4(恒定)、圆角 5(恒定)

调用【圆角】命令,选择"固定圆角",【圆角要素设置】选择如图 5.68 所示,【半径】分别设置为"15 mm""14 mm",【选项】选择"切线扩张"。

322

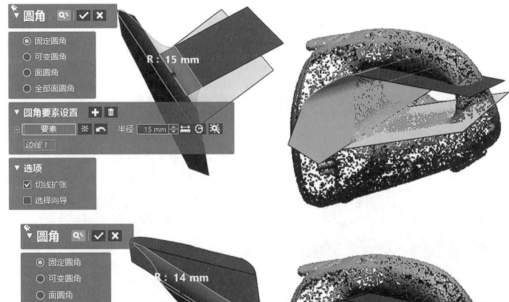

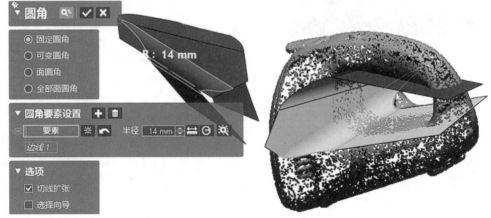

图 5.68　圆角 4(恒定)、圆角 5(恒定)

（16）曲面偏移 1

调用【曲面偏移】命令，【面】选择"平面曲面 3"，【偏移距离】设置为"0 mm"，【详细设置】选择"删除原始面"，如图 5.69 所示。

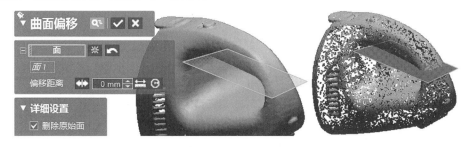

图 5.69　曲面偏移 1

（17）剪切曲面 3

调用【剪切曲面】命令，【工具要素】选择"曲面偏移 1""面片拟合 2"，【对象体】选择"曲面偏移 1""面片拟合 2"，点击"下一阶段"，【残留体】选择内侧，如图 5.70 所示。

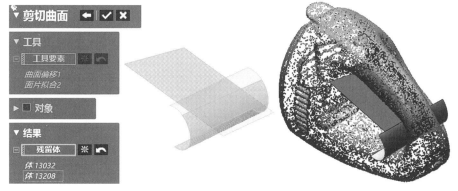

图 5.70　剪切曲面 3

（18）圆角 6（恒定）

调用【圆角】命令，选择"固定圆角"，【圆角要素设置】选择如图 5.71 所示，【半径】设置为"10 mm"，【选项】选择"切线扩张"。

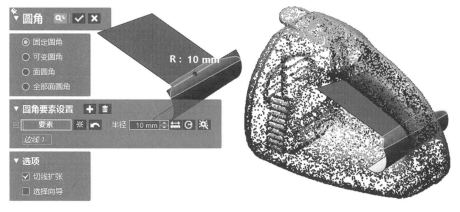

图 5.71　圆角 6（恒定）

（19）剪切曲面 4

调用【剪切曲面】命令，【工具要素】选择"前平面""圆角 5（恒定）""圆角 6（恒定）"，【对象体】选择"圆角 5（恒定）""圆角 6（恒定）"，点击"下一阶段"，【残留体】选择内侧，如图 5.72 所示。

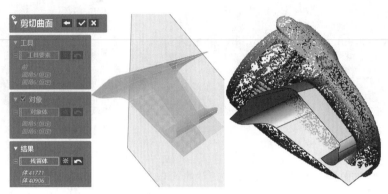

图 5.72　剪切曲面 4

（20）3D 草图 1

调用【3D 草图】命令，【绘制】栏中选择【样条曲线】命令，在"剪切曲面 4"上创建如图 5.73 所示 2 条曲线。

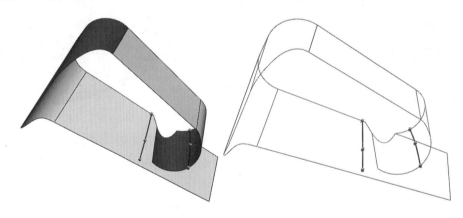

图 5.73　3D 草图 1

（21）曲面偏移 2

调用【曲面偏移】命令，【面】选择"面片拟合 2"，【偏移距离】设置为"0 mm"，【详细设置】选择"删除原始面"，如图 5.74 所示。

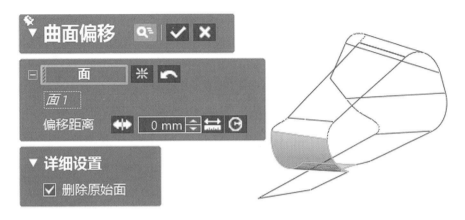

图 5.74　曲面偏移 2

图 5.74　曲面偏移 2

(22)剪切曲面 5

调用【剪切曲面】命令,【工具要素】选择"3D 草图 1"两曲线,【对象体】选择"曲面偏移 2_1""曲面偏移 2_2",点击"下一阶段",【残留体】选择内侧,如图 5.75 所示。

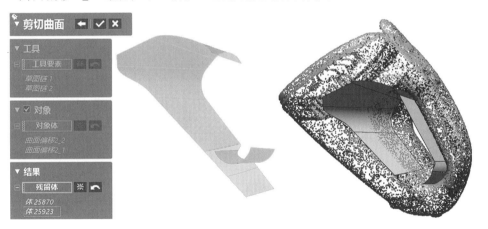

图 5.75　剪切曲面 5

(23)放样 1

调用【放样】命令,【轮廓】选择"曲面偏移 2""剪切曲面 5"对应边线,【约束条件】均选择"与面相切",相切面分别选择"曲面偏移 2""剪切曲面 5",如图 5.76 所示。

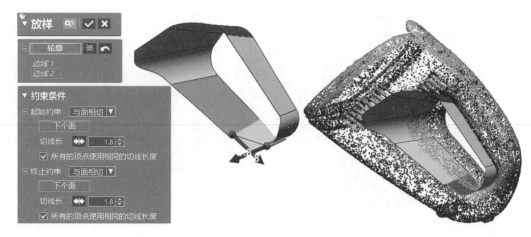

图 5.76　放样 1

（24）缝合 1

调用【缝合】命令,【曲面体】选择"曲面偏移 2""剪切曲面 5_1""剪切曲面 5_2""放样 1",如图 5.77 所示。

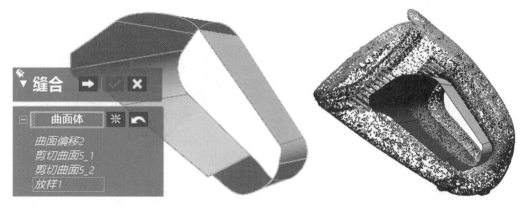

图 5.77　缝合 1

（25）剪切曲面 6

调用【剪切曲面】命令,【工具要素】选择"放样 1""圆角 3(可变)",【对象体】选择"放样 1""圆角 3(可变)",点击"下一阶段",【残留体】选择内侧,如图 5.78 所示。

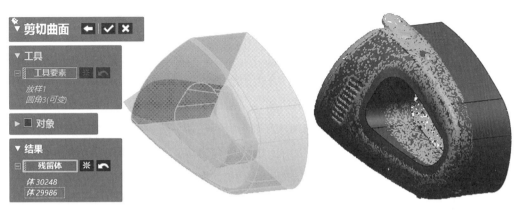

图 5.78 剪切曲面 6

(26)反转法线方向 1

调用【反转法线】命令,【曲面体】选择"剪切曲面 6",翻转"剪切曲面 6"曲面方向,如图 5.79 所示。

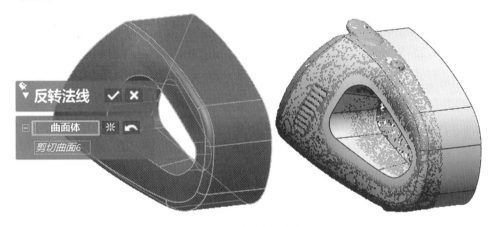

图 5.79 反转法线方向 1

(27)圆角 7(可变)

调用【圆角】命令,选择"可变圆角",【圆角要素设置】选择如图 5.80 所示,【半径】分别设置为"6 mm""6 mm""5 mm""6 mm""11 mm""15 mm""14 mm""13 mm",【选项】选择"切线扩张"。

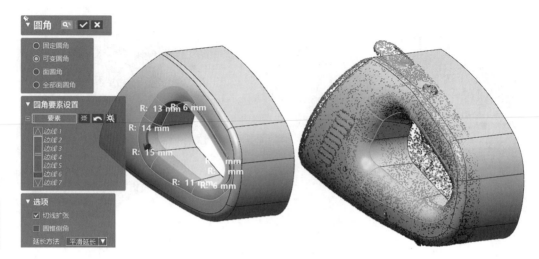

图 5.80　圆角 7(可变)

（28）曲面偏移 3

调用【曲面偏移】命令，【面】选择"平面曲面 1""平面曲面 2""圆角 4(恒定)""圆角 5
(恒定)""圆角 6(恒定)""曲面偏移 1""曲面偏移 2""放样 1"，【偏移距离】设置为"0 mm"，
【详细设置】选择"删除原始面"，如图 5.81 所示。

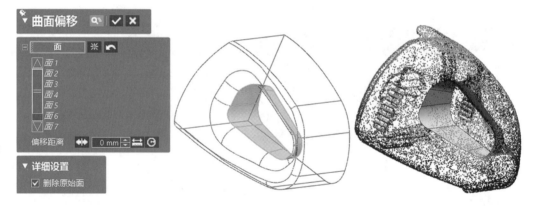

图 5.81　曲面偏移 3

（29）平面 4

调用【平面】命令，【要素】选择"前平面"，【方法】选择"偏移"，【距离】设置为"4 mm"，
如图 5.82 所示。

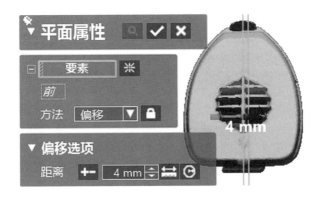

图 5.82　平面 4

(30)剪切曲面 7

调用【剪切曲面】命令,【工具要素】选择"平面 4",【对象体】选择"曲面偏移 3",点击"下一阶段",【残留体】选择左侧,如图 5.83 所示。

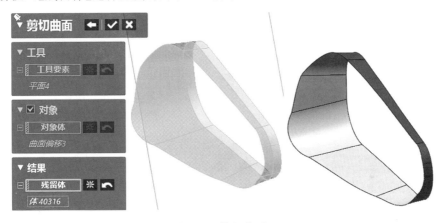

图 5.83　剪切曲面 7

(31)镜像 1

调用【镜像】命令,【体】选择"剪切曲面 7",【对称平面】选择"前平面",如图 5.84 所示。

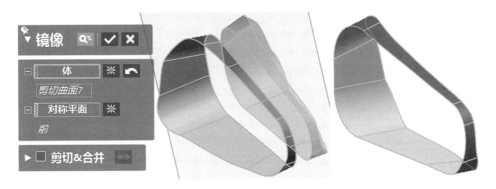

图 5.84　镜像 1

（32）放样 2

调用【放样】命令,【轮廓】选择"曲面偏移 3""剪切曲面 7"对应边线,【约束条件】均选择"与面相切",相切面分别选择"曲面偏移 3""剪切曲面 7",如图 5.85 所示。

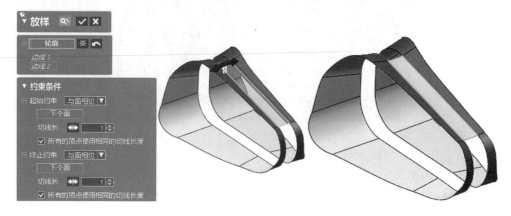

图 5.85　放样 2

（33）放样 3

调用【放样】命令,【轮廓】选择"曲面偏移 3""剪切曲面 7"对应边线,【约束条件】均选择"与面相切",相切面分别选择"曲面偏移 3""剪切曲面 7",如图 5.86 所示。

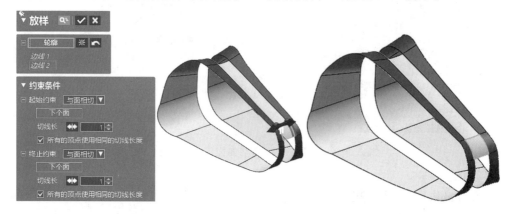

图 5.86　放样 3

（34）放样 4

调用【放样】命令,【轮廓】选择"曲面偏移 3""剪切曲面 7"对应边线,【约束条件】均选择"与面相切",相切面分别选择"曲面偏移 3""剪切曲面 7",如图 5.87 所示。

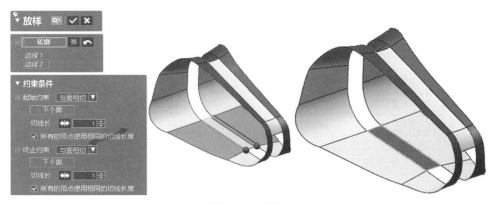

图 5.87　放样 4

（35）放样 5

调用【放样】命令，【轮廓】选择"曲面偏移 3""剪切曲面 7"对应边线，【约束条件】均选择"与面相切"，相切面分别选择"曲面偏移 3""剪切曲面 7"，如图 5.88 所示。

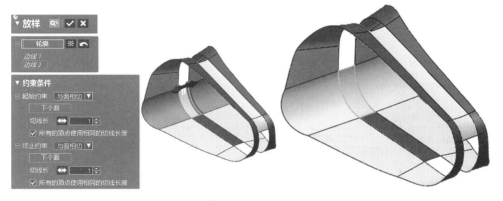

图 5.88　放样 5

（36）放样 6

调用【放样】命令，【轮廓】选择"曲面偏移 3""剪切曲面 7"对应边线，【约束条件】均选择"与面相切"，相切面分别选择"曲面偏移 3""剪切曲面 7"，如图 5.89 所示。

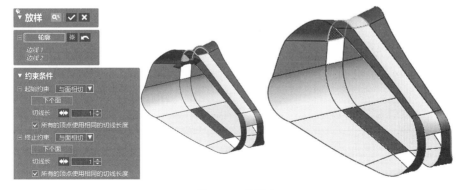

图 5.89　放样 6

331

（37）放样 7

调用【放样】命令，【轮廓】选择"曲面偏移 3""剪切曲面 7"对应边线，【约束条件】均选择"与面相切"，相切面分别选择"曲面偏移 3""剪切曲面 7"，如图 5.90 所示。

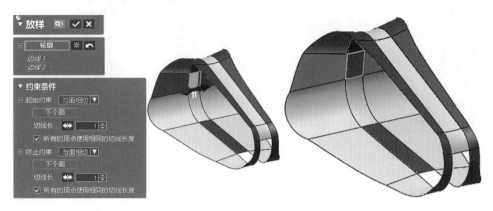

图 5.90　放样 7

（38）放样 8

调用【放样】命令，【轮廓】选择"曲面偏移 3""剪切曲面 7"对应边线，【约束条件】均选择"与面相切"，相切面分别选择"曲面偏移 3""剪切曲面 7"，如图 5.91 所示。

332

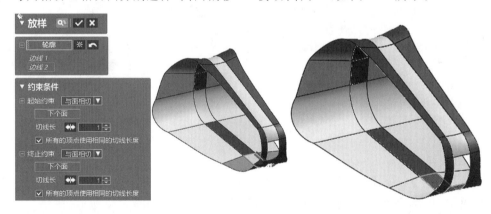

图 5.91　放样 8

（39）放样 9

调用【放样】命令，【轮廓】选择"曲面偏移 3""剪切曲面 7"对应边线，【约束条件】均选择"与面相切"，相切面分别选择"曲面偏移 3""剪切曲面 7"，如图 5.92 所示。

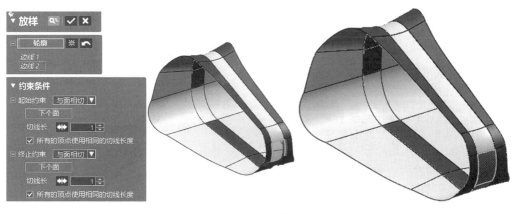

图 5.92　放样 9

（40）缝合 2

调用【缝合】命令，【曲面体】选择"剪切曲面 7""镜像 1""放样 2—放样 9"，如图5.93所示。

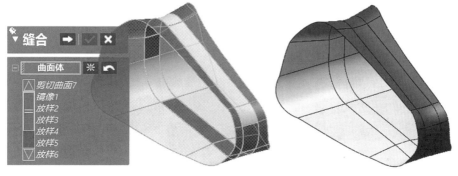

图 5.93　缝合 2

（41）剪切曲面 8

调用【剪切曲面】命令，【工具要素】选择"前平面"，【对象体】选择"圆角 7（可变）"，点击"下一阶段"，【残留体】选择内侧，如图5.94 所示。

333

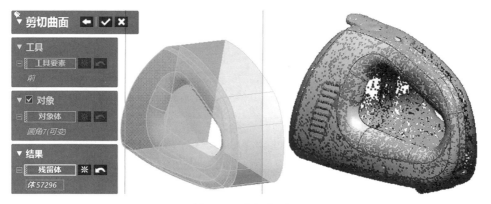

图 5.94　剪切曲面 8

（42）镜像 2

调用【镜像】命令，【体】选择"剪切曲面 8"，【对称平面】选择"前平面"，如图 5.95 所示。

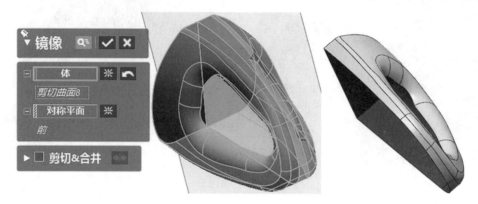

图 5.95　镜像 2

（43）缝合 3

调用【缝合】命令，【曲面体】选择"剪切曲面 8""放样 9""镜像 2"，如图 5.96 所示。

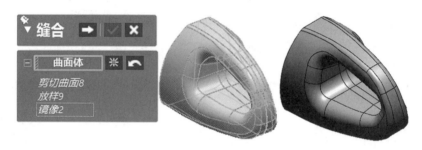

图 5.96　缝合 3

2. 吸尘器前脸

（1）曲面偏移 4

调用【曲面偏移】命令，【面】选择"缝合 3"前端面，【偏移距离】设置为"9.5 mm"，如图 5.97 所示。

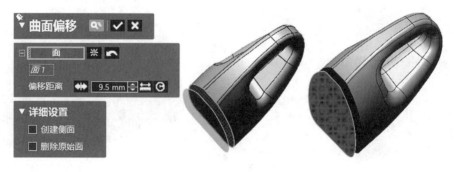

图 5.97　曲面偏移 4

（2）草图5（面片）

调用【面片草图】命令，【基准平面】选择"缝合 3 前端平面"，【绘制】栏中选择【直线】【中心点圆弧】命令，以系统投影线为基准绘制草图，如图 5.98 所示。

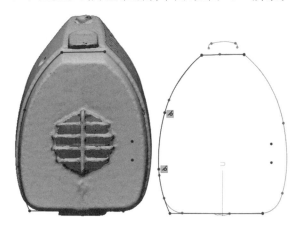

图 5.98　草图5（面片）

（3）拉伸 2

调用【拉伸】命令，【基准草图】选择"草图 5（面片）"，【方向】中【方法】选择"距离"，【长度】设置为"15 mm"，如图 5.99 所示。

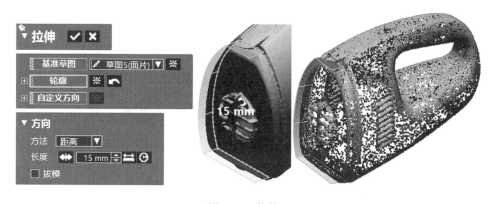

图 5.99　拉伸 2

（4）圆角 8（恒定）

调用【圆角】命令，选择"固定圆角"，【圆角要素设置】选择如图 5.100 所示，【半径】设置为"13 mm"，【选项】选择"切线扩张"。

335

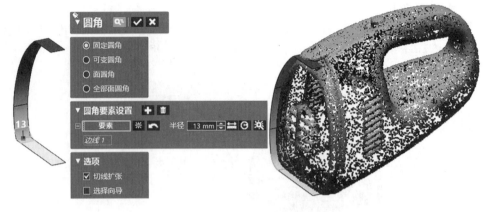

图 5.100　圆角 8(恒定)

（5）剪切曲面 9

调用【剪切曲面】命令，【工具要素】选择"曲面偏移 4""圆角 8(恒定)"，【对象体】选择"曲面偏移 4""圆角 8(恒定)"，点击"下一阶段"，【残留体】选择内侧，如图 5.101 所示。

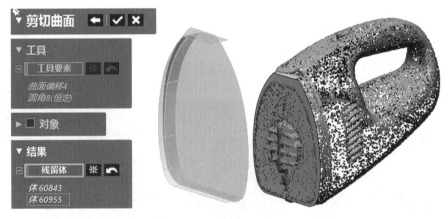

图 5.101　剪切曲面 9

（6）倒角 1、倒角 2

调用【倒角】命令，【要素】选择如图 5.102 所示，选择"距离和距离"，倒角 1"距离"设置为"5 mm"、"距离 2"设置为"3 mm"，倒角 2"距离"设置为"5 mm"、"距离 2"设置为"7 mm"，选择"切线扩张"。

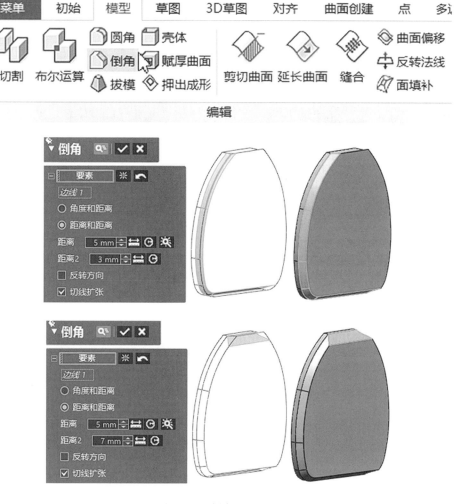

图 5.102　倒角 1、倒角 2

(7)圆角 9(恒定)、圆角 10(恒定)

调用【圆角】命令,选择"固定圆角",【圆角要素设置】选择如图 5.103 所示,【半径】分别设置为"10 mm""10 mm",【选项】选择"切线扩张"。

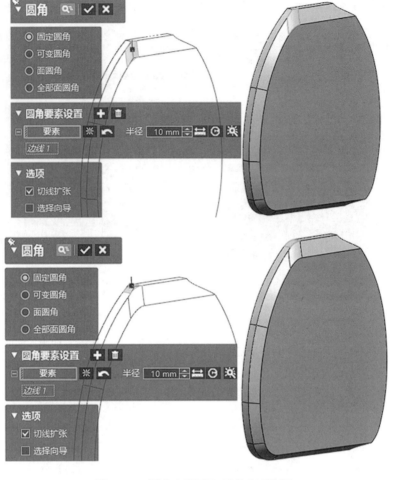

图 5.103　圆角 9(恒定)、圆角 10(恒定)

（8）剪切曲面 10

调用【剪切曲面】命令,【工具要素】选择"前平面""圆角 10(恒定)",【对象体】选择"圆角 10(恒定)",点击"下一阶段",【残留体】选择左侧,如图 5.104 所示。

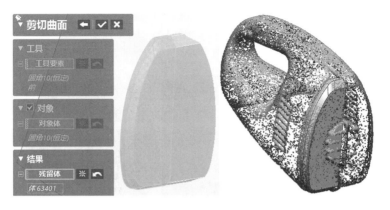

图 5.104   剪切曲面 10

（9）镜像 3

调用【镜像】命令，【体】选择"剪切曲面 10"，【对称平面】选择"前平面"，如图 5.105 所示。

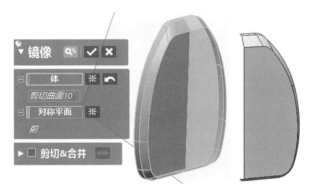

图 5.105   镜像 3

（10）缝合 4

调用【缝合】命令，【曲面体】选择"剪切曲面 10""镜像 3"，如图 5.106 所示。

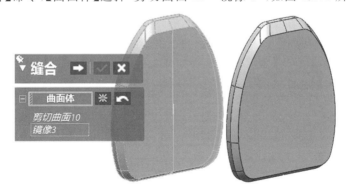

图 5.106   缝合 4

（11）删除面 1

调用【删除面】命令，"删除"选中，【面】选择如图 5.107 所示 2 个瑕疵面。

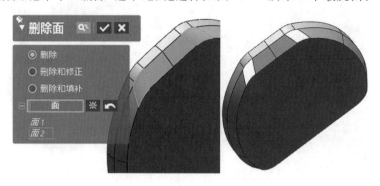

图 5.107　删除面 1

（12）延长曲面 3

调用【延长曲面】命令，【边线/面】选择如图 5.108 所示对应边，【终止条件】选择"距离 5 mm"，【延长方法】选择"线形"。

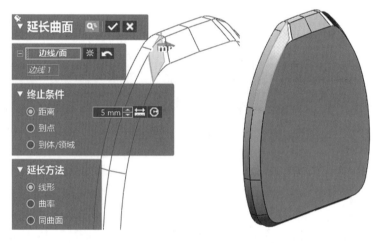

图 5.108　延长曲面 3

（13）延长曲面 4

调用【延长曲面】命令，【边线/面】选择如图 5.109 所示对应边，【终止条件】选择"距离 5 mm"，【延长方法】选择"线形"。

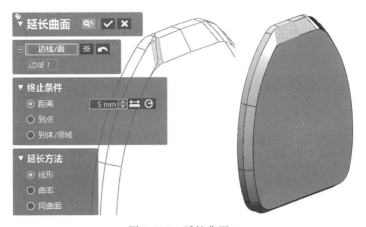

图 5.109　延长曲面 4

（14）曲面偏移 5

调用【曲面偏移】命令，【面】选择"倒角 1""倒角 2"，【偏移距离】设置为"0 mm"，【详细设置】选择"删除原始面"，如图 5.110 所示。

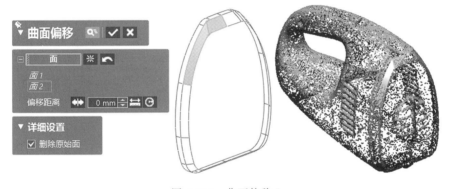

图 5.110　曲面偏移 5

341

（15）3D 草图 2

调用【3D 草图】命令，【绘制】栏中选择【样条曲线】命令，在"曲面偏移 5"上创建如图 5.111 所示 4 条曲线。

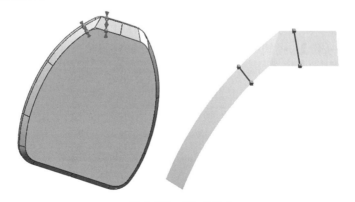

图 5.111　3D 草图 2

（16）剪切曲面 11

调用【剪切曲面】命令，【工具要素】选择"3D 草图 2""曲面偏移 5"，【对象体】选择"曲面偏移 5"，点击"下一阶段"，【残留体】选择外侧，如图 5.112 所示。

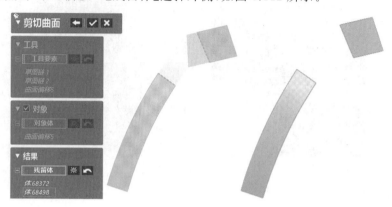

图 5.112　剪切曲面 11

（17）缝合 5

调用【缝合】命令，【曲面体】选择"剪切曲面 11_1""剪切曲面 11_2""镜像 3"，如图 5.113 所示。

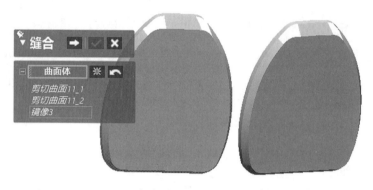

图 5.113　缝合 5

（18）面填补 1

调用【面填补】命令，【边线】选择"缝合 5"如图 5.114 所示中空部分边界线填补空隙，【设置连续性约束条件】选择缺口 2 条边线，【详细设置】选择"合并结果"。

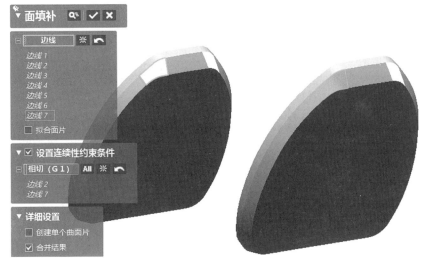

图 5.114　面填补 1

（19）剪切曲面 12

调用【剪切曲面】命令，【工具要素】选择"前平面""面填补 1"，【对象体】选择"面填补1"，点击"下一阶段"，【残留体】选择内侧，如图 5.115 所示。

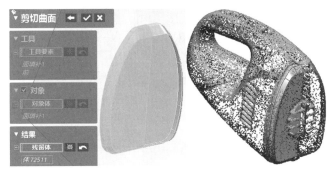

图 5.115　剪切曲面 12

343

（20）镜像 4

调用【镜像】命令，【体】选择"剪切曲面 12"，【对称平面】选择"前平面"，如图 5.116所示。

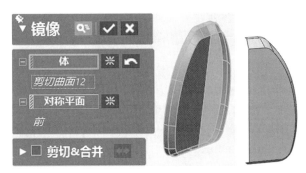

图 5.116　镜像 4

（21）缝合 6

调用【缝合】命令，【曲面体】选择"剪切曲面 12""镜像 4"，如图 5.117 所示。

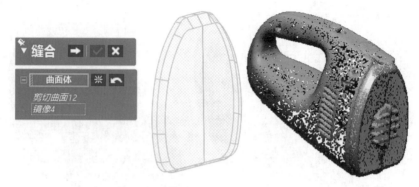

图 5.117　缝合 6

（22）曲面偏移 6

调用【曲面偏移】命令，【面】选择"缝合 3"前端面，【偏移距离】设置为"0 mm"，如图 5.118所示。

图 5.118　曲面偏移 6

（23）剪切曲面 13

调用【剪切曲面】命令，【工具要素】选择"曲面偏移 6""镜像 4"，【对象体】选择"曲面偏移 6""镜像 4"，点击"下一阶段"，【残留体】选择内侧，如图 5.119 所示。

图 5.119　剪切曲面 13

3. 吸尘器底座与侧窗

(1)草图 6(面片)

调用【面片草图】命令,【基准平面】选择"前平面",【绘制】栏中选择【圆】命令,以系统投影线为基准绘制草图,如图 5.120 所示。

图 5.120   草图 6(面片)

(2)拉伸 3

调用【拉伸】命令,【基准草图】选择"草图 6(面片)"大圆,【方向】中【方法】选择"距离",【长度】设置为"16 mm",【反方向】中【长度】设置为"16 mm",如图 5.121 所示。

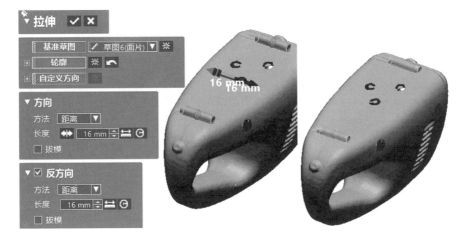

345

图 5.121   拉伸 3

(3)拉伸 4

调用【拉伸】命令,【基准草图】选择"草图 6(面片)"小圆,【方向】中【方法】选择"距离",【长度】设置为"51.5 mm",【反方向】中【长度】设置为"12 mm",如图 5.122 所示。

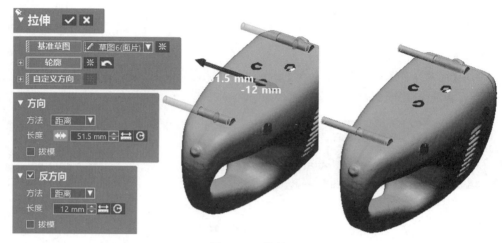

图 5.122　拉伸 4

（4）壳体 1

调用【壳体】命令，【体】选择"镜像 2"，【深度】设置为"2 mm"，如图 5.123 所示。

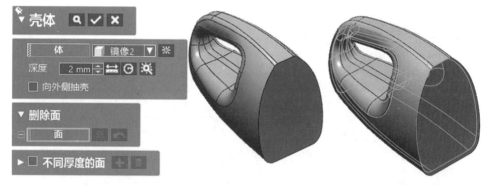

图 5.123　壳体 1

（5）布尔运算 1（合并）

调用【布尔运算】命令，【操作方法】"合并"，【工具要素】选择"壳体 1""拉伸 3_1""拉伸 3_2"，如图 5.124 所示。

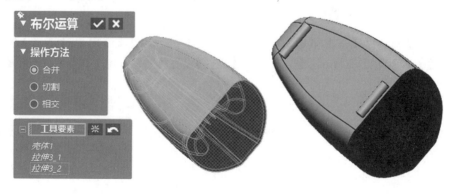

图 5.124　布尔运算 1（合并）

（6）布尔运算 2（切割）

调用【布尔运算】命令，【操作方法】"切割"，【工具要素】选择"拉伸 4_1""拉伸 4_2"，【对象体】选择"壳体 1"，如图 5.125 所示。

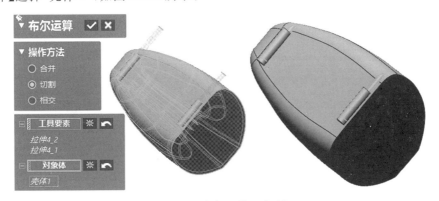

图 5.125　布尔运算 2（切割）

（7）圆角 11（恒定）—圆角 17（恒定）

调用【圆角】命令，选择"固定圆角"，【圆角要素设置】选择如图 5.126 所示，【半径】分别设置为"3 mm""3 mm""3 mm""2 mm""3 mm""2 mm""3 mm"，【选项】选择"切线扩张"。

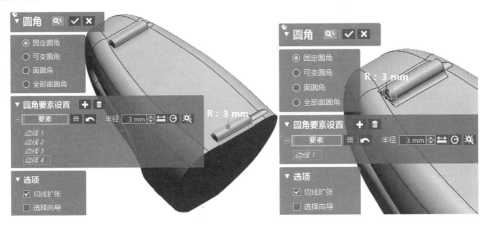

347

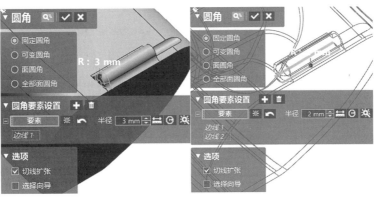

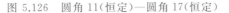

图 5.126　圆角 11（恒定）—圆角 17（恒定）

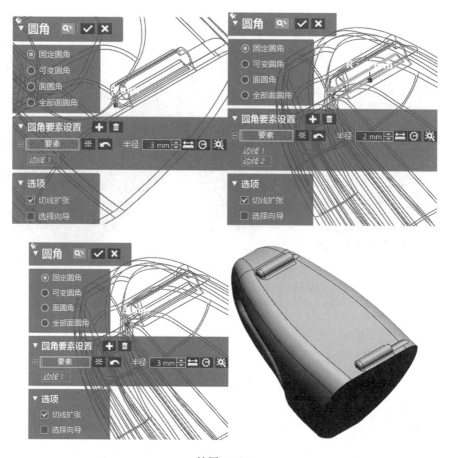

续图 5.126

(8)壳体 2

调用【壳体】命令,【体】选择"剪切曲面 13",【深度】设置为"2 mm",【删除面】选择"剪切曲面 13"后端面,如图 5.127 所示。

图 5.127　壳体 2

(9)圆角 18(恒定)—圆角 21(恒定)

调用【圆角】命令,选择"固定圆角",【圆角要素设置】选择如图 5.128 所示,【半径】分别设置为"5 mm""3 mm""3 mm""3 mm",【选项】选择"切线扩张"。

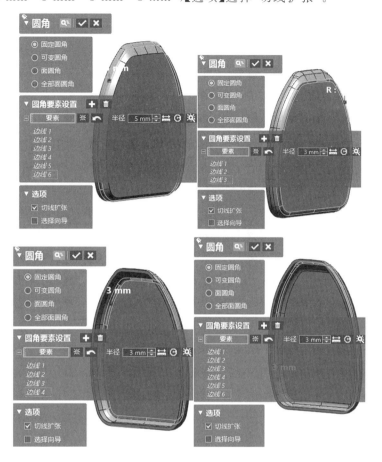

图 5.128　圆角 18(恒定)—圆角 21(恒定)

（10）曲面偏移 7

调用【曲面偏移】命令,【面】选择"壳体 2"内圈边缘环,【偏移距离】设置为"0 mm",如图5.129所示。

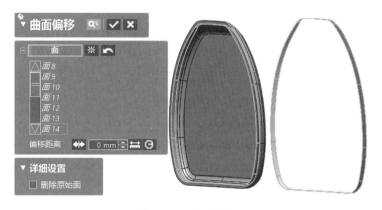

图 5.129　曲面偏移 7

（11）延长曲面 5

调用【延长曲面】命令，【边线/面】选择如图 5.130 所示对应边，【终止条件】选择"距离 2.2 mm"，【延长方法】选择"线形"。

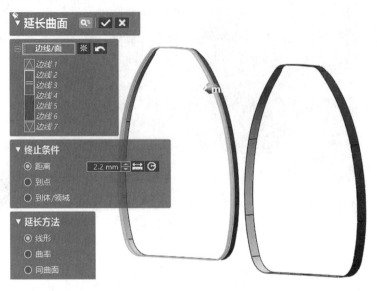

图 5.130　延长曲面 5

（12）面填补 2

调用【面填补】命令，【边线】选择"曲面偏移 7"如图 5.131 所示中空部分边界线填补空隙，【详细设置】选择"合并结果"。

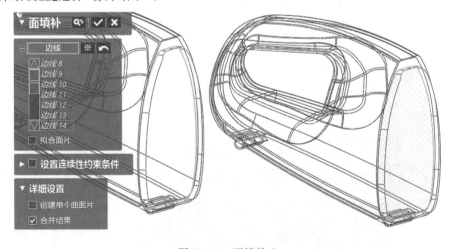

图 5.131　面填补 2

（13）切割 1

调用【切割】命令，【工具要素】选择"面填补 2"，【对象体】选择"圆角 17（恒定）"，【残留体】选择后侧，如图 5.132 所示。

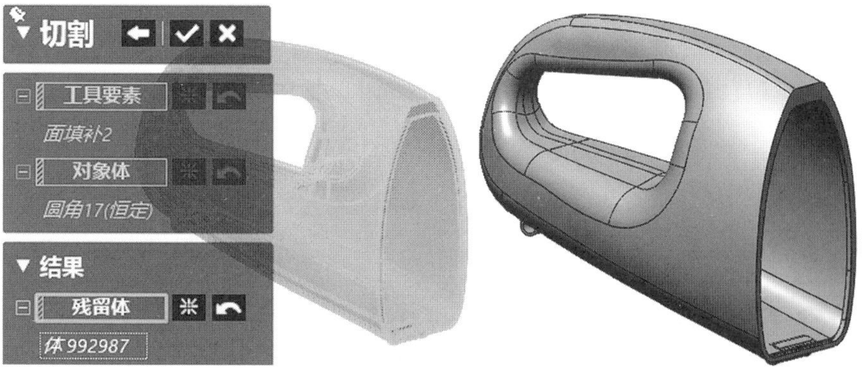

图 5.132 切割 1

(14)布尔运算 3(合并)

调用【布尔运算】命令,【操作方法】选择“合并”,【工具要素】选择“切割 1”“圆角 21(恒定)”,如图 5.133 所示。

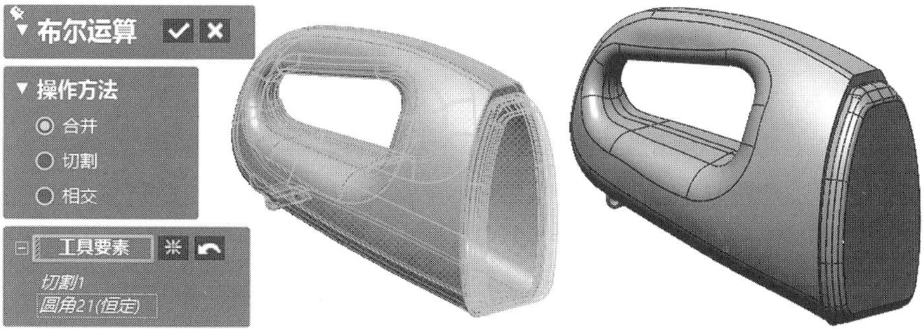

图 5.133 布尔运算 3(合并)

(15)草图 7

调用【草图】命令,【基准平面】选择“前平面”,进入草图界面后,结合侧窗口特征,选择【腰形孔】命令,绘制如图 5.134 所示草图。

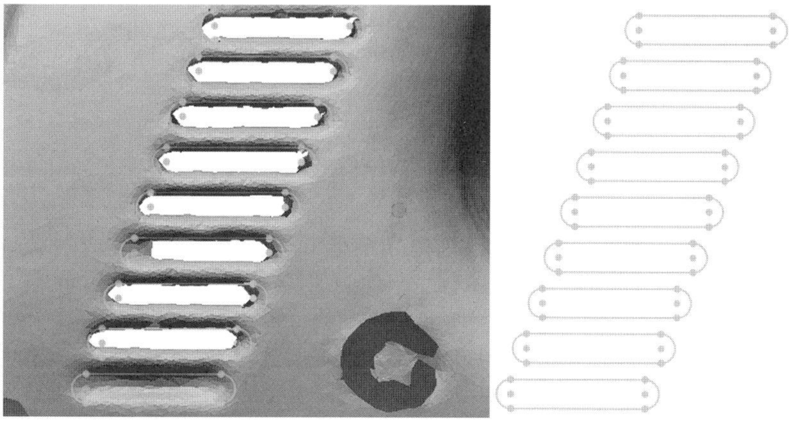

图 5.134 草图 7

（16）拉伸 5

调用【拉伸】命令，【基准草图】选择"草图 7"，【方向】中【方法】选择"距离"，【长度】设置为"63 mm"，【反方向】中【长度】设置为"67.5 mm"，如图 5.135 所示。

图 5.135　拉伸 5

（17）布尔运算 4（切割）

调用【布尔运算】命令，【操作方法】选择"切割"，【工具要素】选择"拉伸 5_1—拉伸 5_9"，【对象体】选择"切割 1"，如图 5.136 所示。

图 5.136　布尔运算 4（切割）

（18）圆角 23（恒定）、圆角 24（恒定）

调用【圆角】命令，选择"固定圆角"，【圆角要素设置】选择如图 5.137 所示，【半径】分别设置为"2 mm""2 mm"，【选项】选择"切线扩张"。

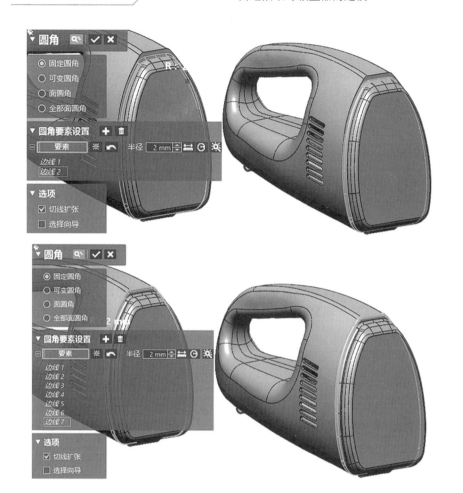

图 5.137　圆角 23(恒定)、圆角 24(恒定)

(19)草图 8

调用【草图】命令,【基准平面】选择"前平面",进入草图界面后,结合前窗口特征,选择【圆】命令绘制如图 5.138 所示草图。

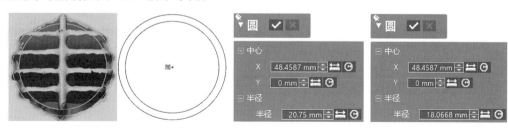

图 5.138　草图 8

(20)拉伸 6

调用【拉伸】命令,【基准草图】选择"草图 8"大圆,【方向】中【方法】选择"距离",【长度】设置为"7 mm",如图 5.139 所示。

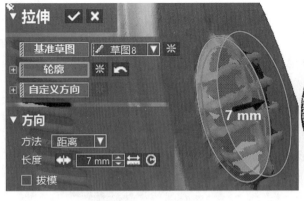

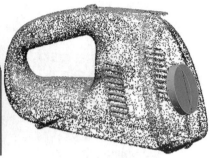

图 5.139　拉伸 6

(21)拉伸 7(切割)

调用【拉伸】命令,【基准草图】选择"草图 8"小圆,【方向】中【方法】选择"距离",【长度】设置为"7 mm",【反方向】中【长度】设置为"23.5 mm",【结果运算】选择"切割",如图 5.140 所示。

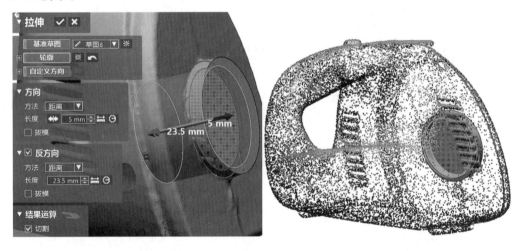

图 5.140　拉伸 7(切割)

(22)草图 9

调用【草图】命令,【基准平面】选择"前平面",进入草图界面后,结合前窗口特征选择【直线】【中心点圆弧】命令绘制如图 5.141 所示草图。

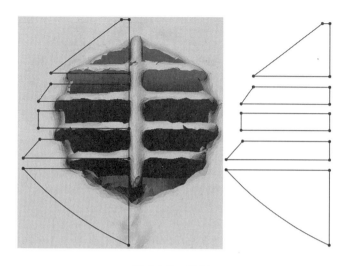

图 5.141　草图 9

（23）拉伸 8

调用【拉伸】命令,【基准草图】选择"草图 9",【方向】中【方法】选择"距离",【长度】设置为"15 mm",如图 5.142 所示。

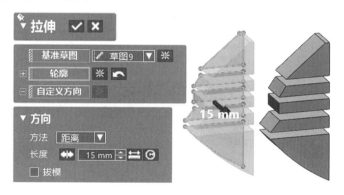

图 5.142　拉伸 8

355

（24）镜像 5

调用【镜像】命令,【体】选择"拉伸 8_1—拉伸 8_5",【对称平面】选择"前平面",如图 5.143所示。

图 5.143　镜像 5

（25）布尔运算 5（切割）

调用【布尔运算】命令，【操作方法】选择"切割"，【工具要素】选择"拉伸 8_1—拉伸 8_5""镜像拉伸 5_1—拉伸 5_5"，【对象体】选择"拉伸 7（切割）_2"，如图 5.144 所示。

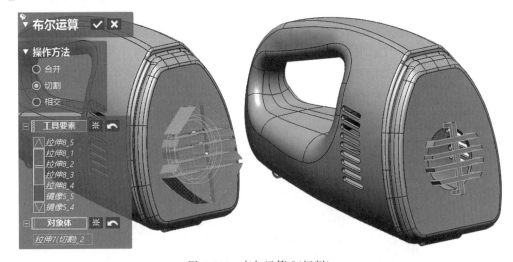

图 5.144　布尔运算 5（切割）

（26）布尔运算 6（合并）

调用【布尔运算】命令，【操作方法】选择"合并"，【工具要素】选择"布尔运算 5（切割）""拉伸 7（切割）"，如图 5.145 所示。

图 5.145　布尔运算 6（合并）

4. 吸尘器【体偏差】检测

选择绘图区上侧工具条【体偏差】命令检测吸尘器建模质量,如图 5.146 所示。

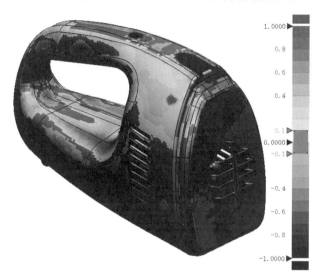

吸尘器
主体

吸尘器
提手

吸尘器
前端

图 5.146　吸尘器建模质量检测

素 养 园 地

党的二十大报告特别强调"实施科教兴国战略,强化现代化建设人才支撑"的战略部署。在这个背景下,对我们自身素质的提升和未来的发展提出了更高的要求。因此我们首先要培养创新精神,通过探索新的知识、新的技术、新的方法,培养我们的创新意识和创新能力。通过动手操作、观察、分析,培养我们的观察能力和动手能力。积极参加科技创新比赛、科技社团等活动,激发我们的创新热情,培养我们的团队合作精神和竞争意识。科技强国是国家的象征,也是民族的骄傲。通过学习科技知识、参与科技活动,增强对国家和民族的认同感和自豪感。这份情感认同将会对我们的成长和发展产生积极的影响,帮助我们树立正确的价值观和人生观。

我国已经是一个制造大国,但我们要发展成制造强国仍然任重道远,随着全球化的进程不断加快,制造业在国家经济中的地位日益凸显。制造业不仅是国家经济发展的基础,也是国家竞争力的关键。制造业是国家经济发展的重要支柱,它提供了大量的就业机会,促进了技术创新,推动了经济增长。一个强大的制造业意味着更高的生产效率,更低的成本,更高的产品质量,从而在市场竞争中占据优势。

面对这样的形势,我们应该牢记习近平总书记的殷殷教诲:广大青年要肩负历史使命,坚定前进信心,立大志、明大德、成大才、担大任,努力成为堪当民族复兴重任的时代新人。

(1)立大志:青年应志存高远,激发奋进潜力,把自己的小我融入祖国的大我、人民的大我之中,与时代同步伐、与人民共命运,更好实现人生价值、升华人生境界。

(2)明大德:要锤炼品德,自觉树立和践行社会主义核心价值观,自觉用中华优秀传统文化、革命文化、社会主义先进文化培根铸魂、启智润心,加强道德修养,明辨是非曲直,增强自我定力,矢志追求更有高度、更有境界、更有品位的人生。

(3)成大才:广大青年要坚持面向现代化、面向世界、面向未来,增强知识更新的紧迫感,既扎实打牢基础知识又及时更新知识,既刻苦钻研理论又积极掌握技能,不断提高与时代发展和事业要求相适应的素质和能力。

(4)担大任:当今中国最鲜明的时代主题,就是实现"两个一百年"奋斗目标、实现中华民族伟大复兴的中国梦。当代青年要树立与这个时代主题同心同向的理想信念,勇于担当这个时代赋予的历史责任,励志勤学、刻苦磨炼,在激情奋斗中绽放青春光芒、健康成长进步。

项 目 工 卡

任务1　雷达猫眼建模课前预习卡

项目概况

 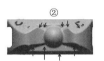

序号	实现命令	命令要素	结果要求
①			□已理解□需详讲
			□已理解□需详讲
			□已理解□需详讲
			□已理解□需详讲
②			□已理解□需详讲
			□已理解□需详讲
			□已理解□需详讲
			□已理解□需详讲
			□已理解□需详讲
			□已理解□需详讲
			□已理解□需详讲
			□已理解□需详讲
			□已理解□需详讲
			□已理解□需详讲
			□已理解□需详讲
			□已理解□需详讲
③			□已理解□需详讲
			□已理解□需详讲
			□已理解□需详讲
			□已理解□需详讲
			□已理解□需详讲
			□已理解□需详讲
			□已理解□需详讲
			□已理解□需详讲
			□已理解□需详讲
④			□已理解□需详讲
			□已理解□需详讲
			□已理解□需详讲
			□已理解□需详讲
			□已理解□需详讲
			□已理解□需详讲
			□已理解□需详讲

任务 1　雷达猫眼建模课堂互检卡

项目概况

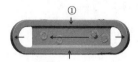 

评价项目	实现命令	模型完成程度
①		☐已完成 ☐基本完成 ☐未完成
		☐已完成 ☐基本完成 ☐未完成
		☐已完成 ☐基本完成 ☐未完成
		☐已完成 ☐基本完成 ☐未完成
②		☐已完成 ☐基本完成 ☐未完成
		☐已完成 ☐基本完成 ☐未完成
		☐已完成 ☐基本完成 ☐未完成
		☐已完成 ☐基本完成 ☐未完成
		☐已完成 ☐基本完成 ☐未完成
		☐已完成 ☐基本完成 ☐未完成
		☐已完成 ☐基本完成 ☐未完成
		☐已完成 ☐基本完成 ☐未完成
		☐已完成 ☐基本完成 ☐未完成
		☐已完成 ☐基本完成 ☐未完成
		☐已完成 ☐基本完成 ☐未完成
③		☐已完成 ☐基本完成 ☐未完成
		☐已完成 ☐基本完成 ☐未完成
		☐已完成 ☐基本完成 ☐未完成
		☐已完成 ☐基本完成 ☐未完成
		☐已完成 ☐基本完成 ☐未完成
		☐已完成 ☐基本完成 ☐未完成
		☐已完成 ☐基本完成 ☐未完成
④		☐已完成 ☐基本完成 ☐未完成
		☐已完成 ☐基本完成 ☐未完成
		☐已完成 ☐基本完成 ☐未完成
		☐已完成 ☐基本完成 ☐未完成
		☐已完成 ☐基本完成 ☐未完成
		☐已完成 ☐基本完成 ☐未完成
		☐已完成 ☐基本完成 ☐未完成
评价等级	A	B	C	D

任务 2　吸尘器建模课前预习卡

项目概况			

序号	实现命令	命令要素	结果要求
①			□已理解□需详讲
			□已理解□需详讲
			□已理解□需详讲
			□已理解□需详讲
②			□已理解□需详讲
			□已理解□需详讲
			□已理解□需详讲
			□已理解□需详讲
			□已理解□需详讲
			□已理解□需详讲
			□已理解□需详讲
③			□已理解□需详讲
			□已理解□需详讲
			□已理解□需详讲
			□已理解□需详讲
			□已理解□需详讲
			□已理解□需详讲
			□已理解□需详讲
			□已理解□需详讲
			□已理解□需详讲
			□已理解□需详讲
			□已理解□需详讲
			□已理解□需详讲
			□已理解□需详讲
④			□已理解□需详讲
			□已理解□需详讲
			□已理解□需详讲
			□已理解□需详讲
			□已理解□需详讲
			□已理解□需详讲
			□已理解□需详讲
			□已理解□需详讲

任务 2　吸尘器建模课堂互检卡

项目概况		

评价项目	实现命令	模型完成程度
①		□已完成　□基本完成　□未完成
		□已完成　□基本完成　□未完成
		□已完成　□基本完成　□未完成
		□已完成　□基本完成　□未完成
②		□已完成　□基本完成　□未完成
		□已完成　□基本完成　□未完成
		□已完成　□基本完成　□未完成
		□已完成　□基本完成　□未完成
		□已完成　□基本完成　□未完成
		□已完成　□基本完成　□未完成
		□已完成　□基本完成　□未完成
③		□已完成　□基本完成　□未完成
		□已完成　□基本完成　□未完成
		□已完成　□基本完成　□未完成
		□已完成　□基本完成　□未完成
		□已完成　□基本完成　□未完成
		□已完成　□基本完成　□未完成
		□已完成　□基本完成　□未完成
		□已完成　□基本完成　□未完成
		□已完成　□基本完成　□未完成
		□已完成　□基本完成　□未完成
		□已完成　□基本完成　□未完成
		□已完成　□基本完成　□未完成
④		□已完成　□基本完成　□未完成
		□已完成　□基本完成　□未完成
		□已完成　□基本完成　□未完成
		□已完成　□基本完成　□未完成
		□已完成　□基本完成　□未完成
		□已完成　□基本完成　□未完成
		□已完成　□基本完成　□未完成
		□已完成　□基本完成　□未完成

评价等级	A	B	C	D

362

参 考 文 献

[1]刘丽鸿,李艳艳.3D打印技术与逆向工程实例教程[M].北京:机械工业出版社,2020.

[2]纪红.逆向工程与3D打印技术[M].北京:机械工业出版社,2021.

[3]王晖,张琼,杨凯.逆向工程与3D打印技术[M].重庆:重庆大学出版社,2019.

[4]成思源.逆向工程技术[M].北京:机械工业出版社,2017.

[5]张德海.三维数字化建模与逆向工程[M].北京:北京大学出版社,2016.

[6]张晋西.逆向工程基础及应用实例教程[M].北京:清华大学出版社,2011.